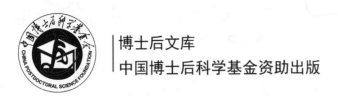

博士后文库

中国博士后科学基金资助出版

亚稳 Ti 合金烧结技术与功能化

王东君 著

科学出版社

北　京

内 容 简 介

  本书主要内容包括：典型 Ti 基非晶合金粉末性能特点、典型 Ti 基非晶合金粉末多步亚稳纳米晶化、放电等离子烧结（SPS）工艺制备 Ti 基非晶合金、金刚石增强 Ti 基非晶合金复合材料、SPS 工艺制备 Ti 基非晶/纳米晶多孔合金材料、SPS 与冷静液机械压制（CHMP）工艺制备典型 Al 基非晶/纳米晶合金、典型 Ti 基非晶合金粉末退合金化制备功能粉体材料及其功能化性能等。

  本书可以为从事亚稳合金、粉末冶金、纳米功能材料等领域研究的科技工作者及工程人员提供系统的方法原理、参数指标等数据及理论分析参考。

图书在版编目（CIP）数据

亚稳 Ti 合金烧结技术与功能化 / 王东君著. —北京：科学出版社，2019.8
（博士后文库）
ISBN 978-7-03-061943-3

Ⅰ.①亚… Ⅱ.①王… Ⅲ.①钛合金－烧结－研究 ②钛合金－功能材料－研究 Ⅳ.①TG146.2

中国版本图书馆 CIP 数据核字（2019）第 157351 号

责任编辑：王喜军 李丽娇 / 责任校对：杜子昂
责任印制：师艳茹 / 封面设计：无极书装

科 学 出 版 社 出版
北京东黄城根北街 16 号
邮政编码：100717
http://www.sciencep.com

中国科学院印刷厂印刷
科学出版社发行 各地新华书店经销

*

2019 年 8 月第 一 版 开本：720×1000 1/16
2019 年 8 月第一次印刷 印张：12
字数：240 000
定价：98.00 元
（如有印装质量问题，我社负责调换）

《博士后文库》编委会名单

《博士后文库》序言

1985 年，在李政道先生的倡议和邓小平同志的亲自关怀下，我国建立了博士后制度，同时设立了博士后科学基金。30 多年来，在党和国家的高度重视下，在社会各方面的关心和支持下，博士后制度为我国培养了一大批青年高层次创新人才。在这一过程中，博士后科学基金发挥了不可替代的独特作用。

博士后科学基金是中国特色博士后制度的重要组成部分，专门用于资助博士后研究人员开展创新探索。博士后科学基金的资助，对正处于独立科研生涯起步阶段的博士后研究人员来说，适逢其时，有利于培养他们独立的科研人格、在选题方面的竞争意识以及负责的精神，是他们独立从事科研工作的"第一桶金"。尽管博士后科学基金资助金额不大，但对博士后青年创新人才的培养和激励作用不可估量。四两拨千斤，博士后科学基金有效地推动了博士后研究人员迅速成长为高水平的研究人才，"小基金发挥了大作用"。

在博士后科学基金的资助下，博士后研究人员的优秀学术成果不断涌现。2013年，为提高博士后科学基金的资助效益，中国博士后科学基金会联合科学出版社开展了博士后优秀学术专著出版资助工作，通过专家评审遴选出优秀的博士后学术著作，收入《博士后文库》，由博士后科学基金资助、科学出版社出版。我们希望，借此打造专属于博士后学术创新的旗舰图书品牌，激励博士后研究人员潜心科研，扎实治学，提升博士后优秀学术成果的社会影响力。

2015 年，国务院办公厅印发了《关于改革完善博士后制度的意见》（国办发〔2015〕87 号），将"实施自然科学、人文社会科学优秀博士后论著出版支持计划"作为"十三五"期间博士后工作的重要内容和提升博士后研究人员培养质量的重要手段，这更加凸显了出版资助工作的意义。我相信，我们提供的这个出版资助平台将对博士后研究人员激发创新智慧、凝聚创新力量发挥独特的作用，促使博士后研究人员的创新成果更好地服务于创新驱动发展战略和创新型国家的建设。

祝愿广大博士后研究人员在博士后科学基金的资助下早日成长为栋梁之才，为实现中华民族伟大复兴的中国梦做出更大的贡献。

中国博士后科学基金会理事长

前　言

亚稳合金材料因其区别于传统合金材料的独特微观组织结构特征而具有优异的使用性能（如高硬度、高比强度、低弹性模量、高弹性能、耐磨、耐腐蚀等），可以在军事、航空航天、核工业、能源、化工、生物医学等领域实际应用，因此成为国内外的研究热点。近年来，针对亚稳（非晶、纳米晶）合金材料的实际应用，学术界与工业界获得了大量高水平的科研成果，极大地推动了高性能新材料的设计开发与新材料产业的升级换代。

目前，国内外材料加工成形技术的发展趋势已经由传统的毛坯减材成形，向高材料利用率、低成本、绿色环保的增材成形技术转变。其中，以粉末材料为原料的增材成形技术（如粉末快速烧结成形、3D 打印等）被世界各国列入重要发展战略规划（如"德国工业 4.0""中国制造 2025"等）。

此外，近年来利用材料加工与材料物理化学学科交叉，基于合金原料，设计制备新型纳米功能材料逐渐成为国际研究热点，为高性能纳米功能材料的开发提供了一个新的有效手段。

尽管亚稳合金及其复合材料作为轻质结构材料或新型纳米功能材料制备前驱体具有广阔的应用前景，但是针对其在结构及功能材料等领域的实际应用，仍有一系列关键的科学技术问题亟待解决。

本书所介绍的内容来源于亚稳合金制备成形理论与技术及实际应用亟待解决的科学技术问题，涉及新材料及新工艺思路的设计与开发，包含冶金学、材料加工、材料物理化学等领域的相关理论及关键技术，具有一定的前瞻性。主要创新思路在于：以亚稳合金粉末为原料，采用电流辅助快速烧结及退合金化反应的新工艺思路，达到致密化成形、组织性能调控一体化及新型纳米功能粉体材料合成改性一体化的目的。

本书针对轻质（Ti 基、Al 基）、高性能亚稳（非晶、纳米晶）合金材料在结构、功能材料领域应用的前沿科学问题与成形关键技术，详细介绍了温度场主导的电流辅助快速烧结技术与应力场主导的冷静液机械压制成形技术用于轻质、亚稳合金粉末固结成形的技术原理、特点、工艺参数、材料的微观组织特征及性能等；阐述了典型亚稳合金粉末独特的多步亚稳纳米晶化现象与固结致密化成形机理；列举了多个轻质亚稳合金粉末固结成形方面的最新研究结果实例；对轻质亚稳合金复合材料的强化机制进行了分析；提出了轻质亚稳合金粉末固结近净成形与组织性能优化控制的新思路。此外，本书利用学科交叉的优势，基于亚稳合金粉末材料特殊的能量亚稳态及微观组织特征，创新性地设计开发了具有优异性能的功能粉体材料，并介绍了粉体材料合成的工艺方法、参数和粉体材料的微观组织与性能，分析了功能粉体材料的合成与性能优化机理，进一步拓宽了轻质亚稳合金材料的应用前景，丰富了本书的主要内容。

基于以上内容，本书所介绍的材料及制备成形工艺方法符合国内外亚稳钛合金领域主要发展方向，部分内容及实例为目前国际研究热点及最新研究成果，丰富并拓展了本书的内容与内涵，对进一步推动轻质亚稳合金及其复合材料在结构、功能材料领域的应用具有重要的理论及实际意义。

本书是我十几年从事亚稳合金及粉末冶金新材料制备成形科学技术问题研究相关成果与学术论文的总结与凝练。我的研究工作在国家自然科学基金面上项目"气雾化 Ti 基纳米晶合金粉末形成机理及其脱合金化机制"（项目编号：51674093）、国家自然科学基金青年项目"Ti 基非晶/纳米晶复合材料冷静液机械压制变形机理及光化学性能"（项目编号：51204062）、中国博士后科学基金特别资助项目"超高强非晶/纳米晶钛合金制备及结构多功能一体化研究"（项目编号：2013T60363）、中国博士后科学基金面上项目"Ti 基非晶合金复合材料冶金结合机理及变形行为"（项目编号：20110491070）、黑龙江省博士后科研启动项目"非晶合金粉末固结致密化及协同纳米晶化强韧机理与脱合金化机制"（项目编号：LBH-Q15040）、黑龙江省自然科学基金面上项目"亚稳钛合金复合材料粉末冶金成形机理及性能研究"（项目编号：E201425）等科研项目的支持下，取得了一定的科研成果，在此表示感谢！

本书撰写期间，我得到了沈军教授、邹进教授、吴林志教授、李中华教授、严明教授、黄永江副教授、魏先顺副教授、安勇良副教授、邱冬博士、吴跃勤（Jerome Wu）博士、郭亚南博士、Graeme Auchterlonie、Kevin Jack、Kim Sewell、Ron Rasch、郑伟博士、屈冬冬博士、吴臣博士、邓姗珊博士、黄永跃硕士、王博硕士、袁皓硕士等老师、同学的指导及帮助，在此表示衷心的感谢！

感谢国家留学基金管理委员会（China Scholarship Council，CSC）的公派留学奖学金资助！

感谢辛苦抚养我长大的父母对我多年的理解与支持！感谢岳父、岳母对我工作的理解与支持！感谢妻子、女儿对我工作的支持和生活的照顾！

向曾经给过我帮助的所有亲人、同学和朋友表示感谢！

王东君

2018 年 9 月 10 日

于哈尔滨工业大学

目　　录

第1章 绪 论

1.1 亚稳 Ti 合金烧结与功能化研究概述

玻璃是一种典型的非晶态材料，是液体在没有结晶的前提下冷却而得到的一类固体。几乎所有类型（共价键、离子键、氢键和金属键）的材料在一定条件下都可以形成玻璃，如硅酸盐玻璃、氧化物玻璃和有机玻璃等。

1960 年，Jun 等用快速凝固的方法制备了具有非晶态结构的金属玻璃，丰富了非晶态材料的内涵[1]。在随后的 20 年里，人们对于金属玻璃的研究主要集中在粉末、丝材和带材上[2]。但由于制备时需要极高的冷却速度（$10^5 \sim 10^6℃/s$），所获得金属玻璃的几何尺寸通常小于 100μm，这极大地限制了金属玻璃的工业应用。20 世纪 80 年代以后，大尺寸块体非晶合金的出现为金属玻璃的研究带来了勃勃生机。迄今，包括 Pd 基[3]、La 基[4]、Zr 基[5, 6]、Mg 基[7]、Ti 基[8]、Fe 基[9]、Ni 基[10]、Cu 基[11]等在内的大量非晶合金体系均已经获得了临界尺寸在毫米以上的样品，其临界冷却速度也降低到 $10^3℃/s$ 以下。

非晶合金作为一种无晶界新型材料，由于其独特的长程无序微观结构，表现出比常规晶态材料优异的物理、化学和力学性能[12]。作为一种具有优异综合性能的材料，非晶合金具有广阔的应用前景，可应用于航空航天、汽车、化工、能源、军事等领域。Ti 基非晶合金除了具有大块非晶合金的诸多优点外，还具有密度小、比强度高、相对成本低的优势[13-15]。作为一种新型高性能轻金属基工程材料，Ti 基大块非晶合金的制备技术一直是人们关注的重要课题之一[16]。但是目前获得的厘米级尺寸 Ti 基非晶合金均含有有毒元素（如 Be）或贵金属元素（如 Pd），对环境有害或不适于大量生产和工业化应用[17, 18]。同时，室温下 Ti 基大块非晶合金材料的塑性变形极不均匀，导致材料的整体塑性较小而呈现典型的脆性断裂。因此，虽然 Ti 基大块非晶合金所固有的诸多优异性能使其具有潜在的应用前景，但是其实际工业应用尚需解决一系列关键的科学技术问题。

粉末冶金（powder metallurgy，PM）是一门制造金属/非金属粉末，并以粉末为原料，用固结成形方法制造材料或制品的技术学科。20 世纪 60 年代以来，采用粉末冶金方法制备高质量预合金粉末得到了迅速发展。而后，各种针对不同粉末、不同用途材料的固结方法相继产生，如冷压烧结[19]、热压烧结[20]、热挤压[21]、冷等静压[22]、热等静压[23]、注射成形[24]、等径角挤压[25]、放电等离子烧结[26, 27]、微波烧结[28]、激光烧结[29]、爆炸固结[30]等。粉末冶金工艺生产的零件具有质优、价廉、节能、省材等优点，与其他的生产工艺相比，可以生产出精度较高的机械零件[31]。另外，粉末冶金方法制备复合材料技术可以改变基体材料的微观组织，在复合粉末致密化过程的同时，形成增强相呈一定形态分布于基体中的形貌特征，从而获得优异的性能。因此，粉末冶金作为一种材料加工成形方法，被广泛应用于军事、航天、工业等领域。其所适用的材料种类也相当广泛，如钢铁材料[32]、有色合金[33]、陶瓷及硬质合金材料[34]、非晶合金[35, 36]、磁性材料、功能梯度材料、纤维/颗粒复合材料[37, 38]等。

同时，非晶合金长程无序的微观原子排布使得其物理化学性能与常规晶态材料有所不同，在某些方面体现出功能化性能的优势。由于不具有晶界、位错等晶态材料中的缺陷，非晶合金具有优异的耐腐蚀性能；Fe 基非晶合金在磁学性能方面体现出独特的优势；合金成分中，不含有生物毒性元素的 Ti 基、Zr 基非晶合金在新型生物医用材料领域具有广阔的应用前景。近年来，以能量亚稳态的非晶合金为原料，合成新型高性能纳米功能材料成为研究者关注的热点。与传统无机金属盐或有机金属化合物为原料制备功能材料相比，以非晶合金结合物理化学方法合成功能材料具有反应原料简单、避免复杂的化学反应过程、合成条件易控制、产物纯度高等优势。此外，其也进一步推动了非晶合金及其复合材料在功能材料领域的应用，并拓宽了非晶合金及其复合材料的应用范围。

具有优异综合性能（力学及物理化学性能）并具有广阔应用前景的 Ti 基非晶合金的出现，以及粉末冶金工艺在传统晶态材料中的成功应用给我们以启发：可以采用粉末冶金工艺制备高性能 Ti 基非晶合金及其复合材料；结合物理化学方法，以 Ti 基非晶合金粉末为原料，可以制备出新型功能粉体材料。因此，本书系统介绍了非晶合金粉末性能特点、典型 Ti 基非晶合金粉末多步亚稳纳米晶化、放电等离子烧结（spark plasma sintering，SPS）工艺制备 Ti 基非晶合金/金刚石增强 Ti 基非晶合金复合材料、放电等离子烧结工艺制备 Ti 基非晶/纳米晶多孔合金材料、放电等离子烧结与冷静液机械压制（cold hydro-mechanical pressing，CHMP）工艺制备典型 Al 基非晶/纳米晶合金、典型 Ti 基非晶合金粉末退合金化制备功能粉体材料及其功能化性能等内容。本书对于拓宽 Ti 基非晶合金及其复合材料的应用范围和领域有着重要意义，同时可为 Ti 基非晶合金及其复合材料在高新技术产业中的应用提供基础实验数据及科学指导依据。

1.2　Ti 基非晶合金材料

Ti 及 Ti 合金在许多重要的工业领域都是非常重要的材料。因此，近年来对 Ti 基非晶合金制备与应用的研究，成为材料界关注的重点。

1.2.1 Ti 基非晶合金成分特点

从材料热力学的角度,发生相变的本征驱动力是相变前后体系自由能的降低。对于凝固过程,过冷液体(亚稳液体)通过凝固相变使自身的吉布斯(Gibbs)自由能降低。由于非晶态是一种亚稳态,所以其能量并非处于最低状态。图 1-1 是过冷液体、非晶态与晶态能量关系图,可以看出,过冷液体转变为晶态的驱动力 ΔG_2 要大于转变为非晶态的驱动力 ΔG_1。但是,过冷液体仍然可以通过转变为非晶态来降低自身的能量,即非晶合金的形成在热力学上是可能的。除此之外,还必须考虑动力学因素。

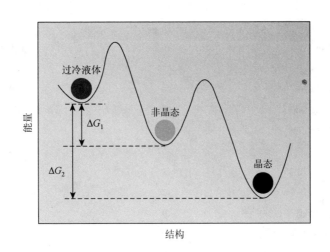

图 1-1 过冷液体、非晶态与晶态能量关系图

从动力学角度,非晶合金的形成是液体被大幅度地过冷到玻璃化转变温度 T_g 之下,在这样的条件下,液态结构被"冻结",极快的冷却速度使得晶化过程来不及发生,从而形成非晶态结构。如上所述,非晶合金的形成具有一定的热力学驱动力,同时需要满足相应的动力学条件。玻璃形成能力(glass forming ability,GFA)根本上取决于不同合金成分所决定的、不同的微观原子状态和结构。例如,传统非晶合金成分(非晶粉末、非晶丝、非晶薄带)的临界冷却速度通常为 $10^5 \sim 10^6 \text{℃/s}$,而大块非晶合金成分的临界冷却速度一般在 10^3℃/s 数量级以下。

自从 Inoue 研究组[39]和 Johnson 研究组[40]先后发现了具有优异玻璃形成能力的 Zr-Ti-Ni-Cu-Be 和 Pd-Ni-Cu-P 合金系以来,人们突破了传统金属玻璃对高临界冷却速度的要求,从而极大地拓展了金属玻璃的应用研究方向。大量实验结果表明:大块非晶合金的形成具有一定的成分特点,各国研究者提出了多个成分结构模型来设计大块非晶合金的成分。表 1-1 列举了一些临界尺寸（直径）大于或等于 1cm 的大块非晶合金成分体系。

表 1-1　临界尺寸（直径）大于或等于 1cm 的大块非晶合金成分体系[41]

合金体系	临界直径（mm）	制备方法
Zr-Al-Cu	15	旋转铸造
Pd-Ni-P	25	水淬
Ni-Pd-P	15	水淬
Zr-Al-Ni-Cu	30	吸铸
Pd-Cu-Ni-P	>80	水淬
Pd-Pt-Cu-P	>50	水淬
Pt-Cu-Ni-P	20	水淬
Cu-Zr-Al-Y	10	铜模铸造
Cu-Zr-Al-Ag	>25	铜模铸造
Y-Sc-Al-Co	20	铜模铸造
Mg-Cu-Ag-Gd	25	铜模铸造
Zr-Ti-Ni-Cu-Be	50	铜模铸造
Ce-Cu-Al-Si-Fe	20	铜模铸造
Fe-(Cr, Mo)-C-B-Y	12	铜模铸造
Fe-(Cr, Mo)-C-B-Tm	12	铜模铸造
Co-(Cr, Mo)-C-B-Y	10	铜模铸造
Co-(Cr, Mo)-C-B-Tm	10	铜模铸造
Fe-Co-(Cr, Mo)-C-B-Tm	16	铜模铸造

在过去的几十年中，各国研究者对不同的 Ti 基合金体系进行了研究，采用不同的方法制备出了多种 Ti 基非晶合金，如 Ti-Be[42]、Ti-Si[42]、Ti-Cu[43]、Ti-Nb-Si[44]、Ti-Ni-Cu[45]、Ti-Al-M（M = 过渡金属）[46]、Ti-Ni-Cu-Sn[47]、Ti-Ni-Cu-Al[48]、Ti-Zr-Ni-Cu[49]、Ti-Zr-Ni-Cu-Al[49]、Ti-Zr-Cu-Pd-Si[18] 及 Ti-Zr-Ni-Cu-Be[50]等。表 1-2 是典型 Ti 基非晶合金的成分及形状尺寸[8, 13, 16, 17, 50-55]。

表 1-2　典型 Ti 基非晶合金成分及形状尺寸

Ti 基非晶合金体系	样品形状（尺寸）
☆Ti-Be-Zr	薄带
Ti-Ni	薄带
Ti-Si	薄带

续表

Ti 基非晶合金体系	样品形状（尺寸）
Ti-Ni-Si	薄带
☆Ti-Be	薄带
Ti-M-Si（B）（M = IV～VIII族金属）	薄带
☆Ti-Ni-Cu	薄带
☆Ti-Ni-Cu-Al	薄带
☆Ti-Ni-Cu-Zr-Al	薄带
☆Ti-Ni-Cu-Sn	薄带
☆Ti-Ni-Cu-Sn-Zr	圆棒（6mm）
☆Ti-Ni-Cu-Si-B	圆棒（2mm）
☆Ti-Ni-Cu-B-Si-Sn	圆棒（1mm）
☆Ti-Al-Ni（Zr）	粉末
Ti-Zr-Ni	粉末
☆Ti-Zr-Ni-Cu-Be	圆棒（8mm）
☆Ti-Zr-Ni-Cu-Be	圆棒（14mm）
☆Ti-Zr-Cu-Pd	圆棒（6mm）
☆Ti-Zr-Hf-Cu-Ni-Si-Sn	圆棒（6mm）
☆Ti-Zr-Cu-Pd-Sn	圆棒（10mm）

☆具有明显玻璃化转变的非晶合金。

Ti 基非晶合金的发展主要分为两个阶段：①1998 年以前，主要研究对象以二维 Ti 基非晶带材为主，只有较少的 Ti 基非晶成分体系具有明显的玻璃化转变现象；②1998 年以后，陆续开发并出现了多种合金成分体系的 Ti 基大块非晶合金，另有研究者采用机械合金化方法制备出 Ti 基非晶粉末，并对非晶粉末的形成及性能进行研究。表 1-3 是一些典型非大块 Ti 基非晶合金的成分，主要是 Ti 基非晶合金带材和 Ti 基非晶合金粉末。

表 1-3 典型非大块 Ti 基非晶合金的成分

合金成分	样品形状	参考文献
$Ti_{50}Cu_{50}$	薄带	[43]
$Ti_{45}Nb_{40}Si_{15}$	薄带	[44]
$Ti_{50}Cu_{35}Ni_{15}$	薄带	[45]
$Ti_{50}Ni_{25}Cu_{25}$	薄带	[56]
$Ti_{47.4}Zr_{5.3}Ni_{5.3}Cu_{42.0}$	薄带	[57]

续表

合金成分	样品形状	参考文献
$Ti_{50}Ni_{20}Cu_{23}Sn_7$	薄带	[58]
$Ti_{50}Cu_{25}Ni_{20}Co_5$	薄带	[47]
$Ti_{60}Zr_{15}Ni_{15}Cu_{10}$	薄带	[48]
$Ti_{45}Ni_{20}Cu_{25}Sn_5Zr_5$	薄带	[59]
$Ti_{38.5}Cu_{32}Co_{14}Al_{10}Zr_{5.5}$	薄带	[60]
$Ti_{70}Ni_{15}Al_{15}$	粉末	[51]
$Ti_{45}Zr_{38}Ni_{17}$	粉末	[52]
$Ti_{64}Ni_{30}Si_4B_2$	粉末	[61]
$Ti_{50}Cu_{20}Ni_{24}Si_4B_2$	粉末	[62]

表 1-4 是一些典型 Ti 基大块非晶合金的成分及热力学数据。

表 1-4　典型 Ti 基大块非晶合金的成分及热力学数据

合金成分	T_g (K)	T_x (K)	T_l (K)	ΔT_x (K)	T_{rg}	D (mm)	参考文献
$Ti_{50}Cu_{42}Ni_8$	657	713	1168	56	0.563	2	[63]
$Ti_{50}Ni_{15}Cu_{32}Sn_3$	686	759	1283	73	0.535	1	[53]
$Ti_{50}Zr_5Cu_{40}Ni_5$	634	685	1155	51	0.549	2	[15]
$Ti_{45}Zr_5Cu_{45}Ni_5$	673	715	1203	42	0.559	3	[15]
$Ti_{42.5}Zr_{10}Cu_{42.5}Ni_5$	651	695	1214	44	0.536	2	[15]
$Ti_{40}Zr_{10}Cu_{36}Pd_{14}$	669	718	1191	49	0.562	6	[54]
$Ti_{40}Zr_{10}Cu_{34}Pd_{16}$	672	723	1231	51	0.546	4	[54]
$Ti_{40}Zr_{10}Cu_{32}Pd_{18}$	683	740	1272	57	0.537	3	[54]
$Ti_{40}Zr_{10}Cu_{30}Pd_{20}$	687	747	1279	60	0.537	3	[54]
$Ti_{40}Zr_{10}Cu_{38}Pd_{10}Si_2$	685	750	1193	65	0.574	5	[18]
$Ti_{50}Ni_{24}Cu_{20}B_1Si_2Sn_3$	726	800	1310	74	0.554	1	[8]
$Ti_{53}Cu_{15}Ni_{18.5}Al_7Zr_3Si_3B_{0.5}$	703	765	1237	62	0.570	2.5	[13]
$Ti_{41.5}Zr_{2.5}Hf_5Cu_{37.5}Ni_{7.5}Si_1Sn_5$	693	758	1176	65	0.590	6	[17]
$Ti_{45}Cu_{25}Ni_{15}Sn_3Be_7Zr_5$	685	741	1142	56	0.600	5	[64]
$Ti_{40}Zr_{25}Ni_8Cu_9Be_{18}$	621	668	1009	47	0.630	8	[53]
$Ti_{40}Zr_{25}Be_{20}Cu_{12}Ni_3$	601	643	983	42	0.610	>14	[50]

注：T_g 表示非晶转变温度；T_x 表示晶化温度；T_l 表示液相线温度；ΔT_x 表示过冷液相区温度；T_{rg} 表示约化非晶转变温度；D 表示圆柱试样直径。

到目前为止，只有含有有毒元素 Be 的 Ti 基非晶合金成分体系可以制备出临界尺寸大于 10mm 的 Ti 基大块非晶合金；另外，含有 Pd 等贵金属的成分体系可以制备出大于等于 10mm 的 Ti 基大块非晶合金；其他成分体系只能制备出临界尺寸 4～6mm 的 Ti 基大块非晶合金。

1.2.2 Ti 基非晶合金力学性能

Ti 基非晶合金是一种新型轻金属工程材料，除了具有良好的抗腐蚀性能外，还具有高的室温断裂强度、弹性应变，以及一定的塑性延伸率。表 1-5 是一些典型 Ti 基非晶合金的力学性能数据。

表 1-5 典型 Ti 基非晶合金的力学性能

合金成分（样品尺寸形状）	方法	H_v（GPa）	ε_E（%）	E（GPa）	ε_p（%）	σ（MPa）	参考文献
$Ti_{50}Cu_{25}Ni_{25}$（薄带）	拉伸	6.20	—	93	—	1800	[65]
$Ti_{50}Cu_{23}Ni_{20}Sn_7$（薄带）	拉伸	6.70	—	105	—	2200	[65]
$Ti_{50}Cu_{10}Ni_{20}Zr_{20}$（薄带）	拉伸	6.27	—	77.4	—	1497	[49]
$Ti_{45}Cu_{45}Ni_5Zr_5$（2mm 圆棒）	压缩			110	1.8	1926	[15]
$Ti_{50}Cu_{25}Ni_{15}Sn_3Be_7$（1mm 圆棒）	压缩	6.70	1.5	—	2.5	2170	[53]
$Ti_{40}Zr_{25}Ni_8Cu_9Be_{18}$（1mm 圆棒）	压缩	5.60	1.7	—	3.5	1810	[53]
$Ti_{40}Zr_{21}Ni_9Cu_{10}Be_{20}$（1mm 圆棒）	压缩	—	6.0	—	4.0	2176	[66]
$Ti_{45}Cu_{25}Ni_{15}Sn_3Be_7Zr_5$（1mm 圆棒）	压缩	7.15	1.8	—	4	2480	[53]
$Ti_{50}Ni_{24}Cu_{20}B_1Si_2Sn_3$（1mm 圆棒）	拉伸	6.20	—	110	—	1800	[8]
$(Ti_{40}Zr_{25}Be_{20}Cu_{12}Ni_3)_{99.5}Y_{0.5}$（5mm 圆棒）	压缩	—	2.05	—	—	1847	[67]
$Ti_{50}Cu_{42}Ni_8$（2mm 圆棒）	压缩	—	—	100	—	2008	[63]
$Ti_{45}Zr_{20}Be_{35}$（6mm 圆棒）	压缩	—	2.2	—	—	1860	[68]
$Ti_{40}Zr_{25}Be_{30}Cr_5$（8mm 圆棒）	压缩	—	1.9	—	3.5	1900	[68]
$Ti_{41.5}Zr_{2.5}Hf_5Cu_{42.5}Ni_{7.5}Si_1$（5mm 圆棒）	压缩	—	—	103	—	2080	[69]

注：H_v 表示维氏硬度；ε_E 表示弹性应变；E 表示杨氏模量；ε_p 表示塑性应变；σ 表示断裂强度。

在已经开发的非晶合金体系中，Ti 基非晶合金具有密度低、强度高，即最佳比强度的特性，其作为先进结构材料拥有广阔的应用前景。表 1-6 为一些大块非晶合金成分及其比强度数据。可以看出，Ti 基大块非晶合金在众合金体系中具有最佳的比强度。

表 1-6　一些大块非晶合金成分及其比强度数据

合金成分	强度（MPa）	密度（g/cm³）	比强度（N·m/kg）	参考文献
$Ti_{60}Zr_5Be_{18}Cu_9Ni_8$	2091	4.90	4.27×10^5	[70]
$Ti_{50}Zr_{15}Be_{18}Cu_9Ni_8$	2043	5.12	3.99×10^5	[70]
$Ti_{40}Zr_{25}Be_{30}Cr_5$	1900	4.89	3.89×10^5	[68]
$Ti_{41.5}Zr_{2.5}Hf_{5}Cu_{37.5}Ni_{7.5}Si_1Sn_5$	2260	7.00	3.23×10^5	[17]
$Zr_{41.2}Ti_{13.8}Ni_{10}Cu_{12.5}Be_{22.5}$	1860	6.00	3.10×10^5	[71, 72]
$Pd_{40}Cu_{30}Ni_{10}P_{20}$	1720	9.28	1.85×10^5	[73]
$Ni_{45}Ti_{20}Zr_{25}Al_{10}$	2370	6.40	3.70×10^5	[74]
$Cu_{46}Zr_{42}Al_7Y_5$	1600	7.23	2.21×10^5	[75]
$La_{55}Al_{25}Cu_{10}Ni_5Co_5$	850	6.00	1.42×10^5	[2]
$Ce_{70}Al_{10}Ni_{10}Cu_{10}$	650	6.67	0.97×10^5	[76]
$Au_{49.5}Ag_{5.5}Pd_{2.3}Cu_{26.9}Si_{16.3}$	1200	11.6	1.03×10^5	[77]

1.3　粉末冶金技术制备非晶合金及其复合材料

粉末冶金法制备大块非晶合金包括两个工艺阶段：①制备非晶合金粉末，常用方法有气雾化（gas atomization，GA）法、机械合金化（mechanical alloying，MA）法和机械粉碎（mechanical milling，MM）法；②采用各种固结方法使非晶合金粉末固结成形。

1.3.1　合金粉末制备技术

制备非晶合金粉末的技术早已发展，传统的非晶合金粉末没有明显的过冷液相区，这使得随后的固结工艺很难进行。随着大块非晶合金的出现，许多体系的非晶合金粉末都具有大的过冷液相区，并具有良好的热稳定性。

Lee 等[35]采用机械合金化-球磨的方法成功制备 $Cu_{60}Zr_{24}Ti_{10}Y_6$（原子百分比）非晶合金粉末。他们研究了球磨时间对非晶化过程的影响，发现球磨 5h 即可得到完全的非晶态结构，如图 1-2（a）X 射线衍射分析结果所示。同时，这种非晶粉末具有达 82K 的过冷液相区，如图 1-2（b）差示扫描量热法曲线所示。图 1-2（c）、（d）分别为球磨粉末形貌及粉末横截面形貌：球磨粉末呈不规则的棱块形；在粉末内部，可见一些微观孔洞。

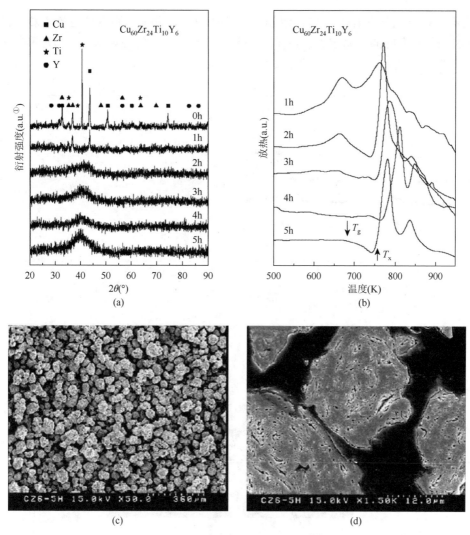

图 1-2 球磨非晶合金粉末实例[35]

(a) 球磨粉末 X 射线衍射曲线;(b) 球磨粉末差示扫描量热法曲线;(c) 球磨粉末形貌;(d) 球磨粉末横截面形貌

　　除了机械合金化方法外,最常用的制备非晶合金粉末的方法就是气雾化法。与机械合金化法相比,气雾化方法具有产量高、污染少等特点,因此被广泛应用于金属粉末的生产。

　　Kim 等[78]采用氩气雾化的方法,成功制备了 $Cu_{54}Ni_6Zr_{22}Ti_{18}$(原子百分比)非晶合金粉末。他们对不同粒度的粉末进行筛分,图 1-3(a)为不同粒度粉末的 X 射线衍射曲线,衍射结果显示典型的漫散射峰,表明粉末为非晶态结构;图 1-3(b)

---

① a.u.是 arbitrary unit 的缩写,意为"任意单位"。

为不同粒度的气雾化粉末的差示扫描量热法曲线，此非晶粉末的过冷液相区达53K，具有良好的热稳定性；图1-3（c）为气雾化粉末的外观形貌，与球磨粉末的不规则形状相比，气雾化粉末多呈规则的球形。

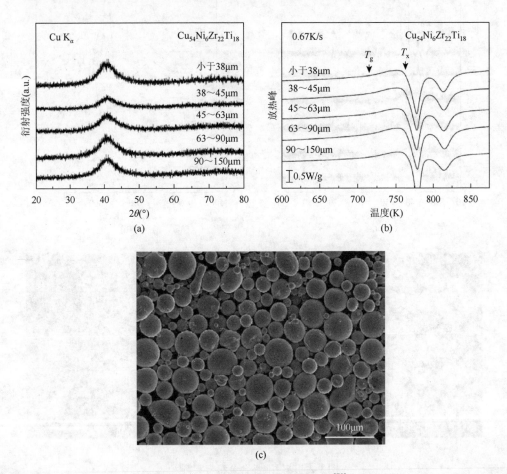

(a)

(b)

(c)

图 1-3 气雾化非晶合金粉末实例[78]

（a）气雾化粉末 X 射线衍射曲线；（b）气雾化粉末差示扫描量热法曲线；（c）气雾化粉末外观形貌

1.3.2 合金粉末固结成形技术

非晶合金粉末的固结方法有很多，与其他方法不同，非晶合金粉末固结法不是由合金的液态直接凝固后形成大块非晶合金，而是利用非晶合金粉末在过冷液相区中的黏性流动和原子扩散性，将非晶粉末固结成高致密的大块非晶合金。这种方法比依靠玻璃形成能力制备大块非晶合金方法具有更加广阔的生产和应用前景。

热挤压是非晶合金粉末固结常用方法之一。其工艺路线通常为：将非晶合金粉末冷压到包套材料中，真空除气并封装包套，将包套在过冷液相区中某一温度下以一定的挤压比挤压成形。表 1-7 为热挤压方法制备大块非晶合金的工艺参数及结果。

表 1-7　热挤压方法制备大块非晶合金的工艺参数及结果

合金成分	工艺参数	实验结果	参考文献
$Zr_{65}Al_{10}Ni_{10}Cu_{15}$（气雾化，$<75\mu m$）	573K 除气 900s，1GPa，1mm/s，673K（$T_g = 652K$，$T_x = 735K$），挤压比 3、4、5	非晶合金相对密度>99%	[79]
$Cu_{47}Ti_{34}Zr_{11}Ni_8$（气雾化）	690MPa，2mm/s，698K（$T_g = 688K$，$T_x = 743K$），挤压比 5、9、13	698K，挤压比为 5 时可以获得非晶合金	[80]
$Ni_{59}Zr_{20}Ti_{16}Si_2Sn_3$（气雾化，$<45\mu m$）	510MPa，5mm/s，848K（$T_g = 815K$，$T_x = 878K$），挤压比 5、9	848K，挤压比为 5 时可以获得非晶合金	[81]
$Cu_{47}Ti_{34}Zr_{11}Ni_8$（气雾化）	690MPa，698K（$T_g = 688K$，$T_x = 743K$），挤压比 5、9、13	698K，挤压比为 5 时可以获得非晶合金	[82]
$Cu_{54}Ni_6Zr_{22}Ti_{18}$（气雾化）	700K 除气 20min，620MPa，730K（$T_g = 712K$，$T_x = 765K$），挤压比 5	非晶合金	[83]
$Ni_{59}Zr_{20}Ti_{16}Si_2Sn_3$（气雾化，$<63\mu m$）	500MPa，5mm/s，845K（$T_g = 815K$，$T_x = 878K$），挤压比 5	非晶合金复合材料	[84]

传统的热压烧结方法也可以制备大块非晶合金。与热挤压相比，热压烧结不需要包套及不用在烧结后对包套进行机械加工，具有工艺简单和节省原料等优点。其工艺路线一般为：将非晶合金粉末装入模具并冷压，真空除气后加热到烧结温度，同时施加压力，保压一定时间，最后取出样品。表 1-8 为热压烧结方法制备大块非晶合金的工艺参数及结果，可以看出：选取适当的工艺参数可以制备出高密度且完全非晶态的大块合金材料。

表 1-8　热压烧结方法制备大块非晶合金的工艺参数及结果

合金成分	工艺参数	实验结果	参考文献
$Ni_{57}Zr_{20}Ti_{18}Si_3Sn_2$（气雾化，$<75\mu m$）	250MPa，10min，843K（$T_g = 828K$，$T_x = 886K$），直径 10mm，厚度 2～3mm	非晶合金相对密度>99%	[85]
$Ti_{60}Al_{15}Cu_{10}W_{10}Ni_5$（球磨，平均尺寸 0.38μm）	936MPa，775K（$T_g = 733K$，$T_x = 804K$），直径 20mm，厚度 5～30mm	非晶合金相对密度 99.85%	[86]
$Ni_{57}Zr_{20}Ti_{20}Si_3$（球磨）	1.2GPa，30min，773K（$T_g = 760K$，$T_x = 848K$），直径 10mm，厚度 1mm	非晶合金含有少量纳米晶	[87]
$Fe_{67}Co_{9.5}Nd_3Dy_{0.5}B_{20}$（机械破碎，45～90μm）	780MPa，833K（$T_g = 791K$，$T_x = 840K$）	非晶合金相对密度>99%	[88]
$Mg_{49}Y_{15}Cu_{36}$（球磨）	720MPa，30min，473K（$T_g = 450K$，$T_x = 492K$）	非晶合金含有少量纳米晶	[89]

与传统烧结方法相比,放电等离子烧结技术是一种新型的快速烧结技术。具有升温速度快、烧结时间短、效率高等特点,能够在较低的烧结温度、较小的成形压力和较短的时间内将粉末原料烧结成形。放电等离子烧结技术也可以应用于非晶粉末的烧结成形。表 1-9 为放电等离子烧结方法制备大块非晶合金的工艺参数及结果。

表 1-9　放电等离子烧结方法制备大块非晶合金的工艺参数及结果

合金成分	工艺参数	实验结果	参考文献
$Ni_{59}Zr_{15}Ti_{13}Si_3Sn_2Nb_7Al_1$（气雾化，<90μm）	300MPa，1min，843K（$T_g = 839K$，$T_x = 890K$），直径 20mm，厚度 5mm	几乎全致密非晶合金	[90]
$Cu_{54}Ni_6Zr_{22}Ti_{18}$（气雾化）	280MPa，1min，743K（$T_g = 712K$，$T_x = 765K$），直径 20mm，厚度 5mm	相对密度>98%，少量晶化	[91]
$Ti_{50}Cu_{25}Ni_{20}Sn_5$（球磨）	500MPa，3min，723K（$T_g = 709K$，$T_x = 749K$）	非晶合金含有少量纳米晶	[92]
$Fe_{67}Co_{9.5}Nd_3Dy_{0.5}B_{20}$（机械破碎，45～90μm）	300MPa，7min，788K（$T_g = 806K$，$T_x = 854K$）	非晶合金相对密度>99.1%	[93]

1.3.3　粉末冶金非晶合金及其复合材料的力学性能

与其他制备非晶合金的方法相比,非晶合金粉末固结法不仅具有更为广阔的生产与应用前景,而且对于一些玻璃形成能力有限的合金体系,仍然可以制备出大尺寸的非晶合金样品。但是,决定非晶合金能否工业化应用的另一个重要因素就是非晶合金的力学性能。

Lee 等[81]采用热挤压的方法制备了 Ni 基大块非晶合金。他们研究了挤压比对 Ni 基非晶粉末成形能力及热挤压样品力学性能的影响,结果表明:当挤压比为 5 时,可以得到完全的大块非晶合金;当挤压比增加到 9 时,非晶合金粉末发生了部分晶化,如图 1-4（a）所示。热挤压样品力学性能方面,图 1-4（b）为试样压缩实验的应力-应变曲线,可以看出,样品的力学性能在相对于挤压方向的横向和纵向上没有明显的区别,均呈现非晶合金典型的弹性变形后即发生脆性断裂的特征。两个方向上的压缩断裂强度均达到 2.0GPa,比相同成分铸态非晶合金试样的断裂强度 2.2GPa 略低。

Lin 等[94]采用热压烧结的方法制备了 Ti 基大块非晶合金,样品尺寸 ϕ10mm×4mm,图 1-5（a）所示为热压烧结样品的外观形貌照片。图 1-5（b）的 X 射线衍射曲线确定了球磨粉末和热压烧结样品的非晶态特征,图 1-5（c）为热压烧结样品的扫描电子显微镜（scanning electron microscope，SEM）照片,可以看出,粉

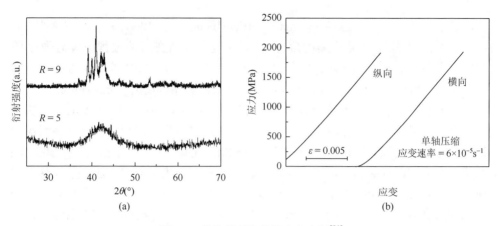

图 1-4　热挤压制备非晶合金实例[81]

（a）挤压比为 5 和 9 的试样的 X 射线衍射曲线；（b）挤压比为 5 的试样的压缩应力-应变曲线

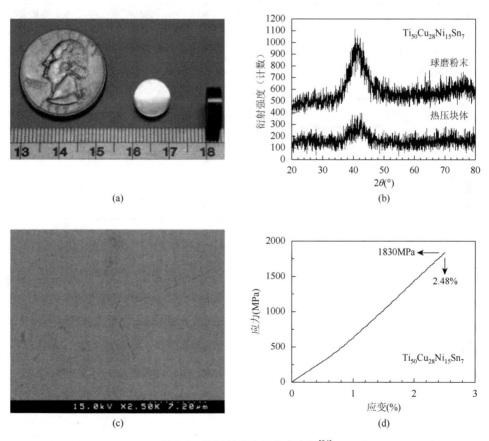

图 1-5　热压制备非晶合金实例[94]

（a）热压烧结样品外观形貌；（b）球磨粉末及热压烧结样品的 X 射线衍射曲线；（c）热压烧结样品 SEM 形貌；
（d）热压样品压缩应力-应变曲线

末颗粒之间的原始颗粒边界（primary particle boundary，PPB）并没有完全弥合。图 1-5（d）为热压样品压缩的应力-应变曲线，样品在压缩过程中没有发生明显的宏观塑性变形，在经历了约 2.48%的弹性变形后即发生脆性断裂，断裂强度为 1830MPa。另外，在 500g 的加载载荷下，样品的显微硬度值为 634kg/mm^2。

Lee 等[90]采用 SPS 方法制备了 $Ni_{59}Zr_{15}Ti_{13}Si_3Sn_2Nb_7Al_1$（原子百分比）大块非晶合金，样品尺寸 ϕ20mm×5mm。他们研究了烧结过程中成形压力对样品组织和性能的影响，结果表明，与 100MPa 和 150MPa 的烧结压力相比，采用 300MPa 的成形压力时，样品具有最佳烧结密度。图 1-6（a）为不同成形压力下样品的 X 射线衍射曲线，表明不同烧结压力下均可以得到大块非晶合金。图 1-6（b）为 300MPa 烧结压力时样品的组织形貌照片，粉末之间的原始颗粒边界已经弥合，样品呈均一的非晶态组织特征。力学性能测试结果表明，样品的维氏硬度（H_v）

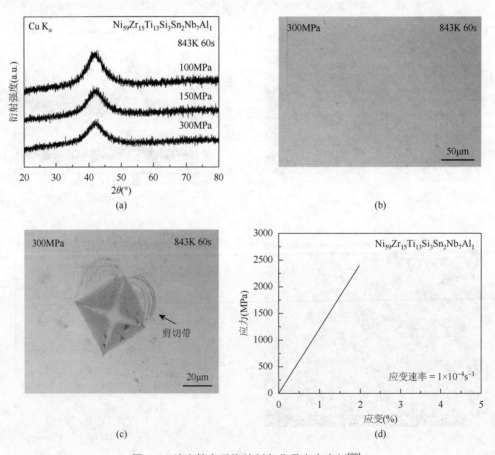

图 1-6   放电等离子烧结制备非晶合金实例[90]

（a）不同成形压力下样品 X 射线衍射曲线；（b）300MPa 下样品组织形貌；（c）维氏硬度压痕形貌；
（d）压缩实验应力-应变曲线

达到 734。图 1-6（c）为压痕形貌照片，可以明显看到压痕附近的剪切塑性变形区。图 1-6（d）为样品压缩实验应力-应变曲线，该样品的断裂强度达到 2.4GPa，与铸态样品的 2.6GPa 相差不大；但是样品仍然呈现无宏观塑性的脆性断裂特征。分析认为，非晶合金粉末在过冷液相区内的流动变形使得粉末颗粒之间结合良好，这是烧结态样品具有高硬度和高强度的主要原因。

Zheng 等[95]采用放电等离子烧结方法对气雾化 Mg-Cu-Gd 非晶合金粉末进行烧结，成功获得了块体材料。研究者详细研究了粉末原料在烧结过程中的致密化过程与机理，以及块体材料的微观组织及力学行为。结果表明：放电等离子烧结过程中的高压力、对粉末原料表面氧化层的破碎及非晶相的结构弛豫是非晶合金粉末之间界面结合的主要原因。另外，有限元计算模拟软件也被用来分析解释非晶粉末的堆垛致密化、局部温升及放电等离子烧结过程中的温度分布。

综上所述，采用粉末冶金方法可以制备大尺寸、高强度的大块非晶合金，但是材料的塑性却没有明显的改善。

复合材料一般由基体组元与增强体组元组成。大块非晶合金以其高硬度、高强度和高弹性极限引起了人们的极大关注，但是单相大块非晶合金材料的塑性变形是通过高度局域剪切变形来实现的，其塑性变形通常发生在剪切带附近的微小区域内，这说明非晶合金所能获得的塑性变形量与变形过程中剪切带的形成与数量有关。受晶态材料中位错运动可以被第二相阻碍的启发，在非晶材料中引入第二相制备非晶基复合材料，就有可能阻碍单一剪切带的滑移，使剪切带增殖，提高非晶合金的塑性。基于此，采用粉末冶金方法制备非晶基复合材料，则成为一条可能增强材料塑性的途径。

非晶合金基复合材料的制备通常有内生复合和外加复合两种方法。内生复合法按照方法和制备机理不同可以分为两种：一种是在熔体冷却过程中，通过控制冷却条件，在非晶基体上析出准晶/晶态增强相，或通过原位反应制备非晶合金基复合材料；另一种是对已经制备的大块非晶合金进行部分晶化处理，在非晶基体上析出增强相。对增强相的形状、尺寸和分布进行进一步划分，内生复合法又可以分为准晶增强相、纳米晶增强相、枝晶增强相和纳米尺度上成分不均匀造成的双相非晶复合材料。

Li 等[96]采用氮气雾化-快速凝固方法制备了 Al-Ni-Y-Co-La 非晶合金预合金粉末，而后采用放电等离子烧结方法制备了 Al 基非晶合金复合材料。由于 Al 基非晶合金较弱的形成能力及较差的热稳定性，非晶态预合金粉末在烧结过程中发生了晶化。研究者在研究烧结动力学与晶化特征过程中，发现晶化产物中存在一种其他成分相近的非晶合金晶化中未曾发现的立方结构 Al_5Co_2 相，如图 1-7 所示。分析认为：放电等离子烧结过程中施加的高压固结环境及等离子体促使了"异常"

晶体相的析出。该研究成果丰富了放电等离子烧结制备非晶合金及其复合材料晶化与致密化理论，给制备高性能合金材料提供了实验依据。

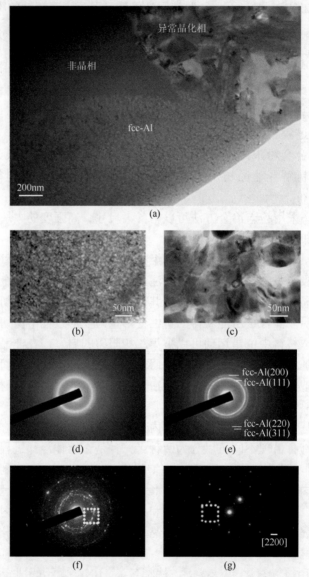

图 1-7　放电等离子烧结过程中"异常"晶化相透射电子显微镜分析[96]

Yang 等[97]首先以球磨方法制备了 Ti-Nb-Cu-Ni-Sn 非晶合金粉末，对非晶合金粉末的晶化行为与特征进行了系统的研究。而后，采用控制亚稳非晶相晶化的方法，以放电等离子烧结工艺制备了块体合金材料。结果表明：烧结参数的不同，可以控制非晶合金粉末原料的晶化过程，进而获得不同的组织及相组成的烧结块体材料。此外，高温烧结时析出的延性(Ti, Nb)₃Sn 相使得块体材料在具有高强度（约 2000MPa）的同时，表现出明显的塑性变形（约 2%），如图 1-8 所示。

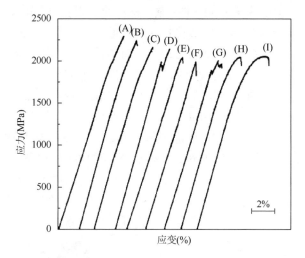

图 1-8 烧结试样压缩应力-应变曲线[97]

（A）烧结温度 850℃，升温速率 150℃/min，保温时间 0min；（B）烧结温度 850℃，升温速率 150℃/min，保温时间 5min；（C）烧结温度 850℃，升温速率 150℃/min，保温时间 10min；（D）烧结温度 900℃，升温速率 150℃/min，保温时间 0min；（E）烧结温度 900℃，升温速率 150℃/min，保温时间 5min；（F）烧结温度 900℃，升温速率 150℃/min，保温时间 10min；（G）烧结温度 950℃，升温速率 150℃/min，保温时间 0min；（H）烧结温度 950℃，升温速率 150℃/min，保温时间 5min；（I）烧结温度 950℃，升温速率 150℃/min，保温时间 10min

外加复合方法通常是在非晶合金制备过程中，加入第二相增强体，使增强体与非晶基体良好结合，形成复合材料。按照增强体的不同，外加复合法又可主要分为颗粒增强复合和纤维/晶须（短晶须）增强复合。作为第二增强相的颗粒，可以为 Cu 颗粒、WC 颗粒、SiC 颗粒、TiC 颗粒、金刚石颗粒等。作为增强相的纤维/晶须，可以为 Cu 纤维、W 纤维、钢丝纤维、SiC 晶须等。

材料的性能取决于其微观组织与结构，外加非晶合金基复合材料的性能取决于非晶基体与增强相的性质、增强相的分布及二者的界面结合等因素。

Lin 等[98]采用机械合金化的方法，将 Ti、Cu、Ni、Sn 和不同体积分数的 SiC 颗粒粉末混合后机械球磨，在球磨 8h 后得到了 Ti 基非晶合金/SiC 颗粒增强复合粉末。而后，采用热压烧结的方法将复合粉末固结成形，制备了 Ti 基非晶/SiC 颗粒增强复合材料。与未添加 SiC 颗粒的试样相比，添加了体积分数 12% SiC 后，试样的断裂强度从 1830MPa 增加到 2112MPa，但是试样的塑性并没有得到提高，材料的弹性应变也从 2.48%降低到了 1.86%。分析认为，SiC 颗粒与 Ti 基非晶基体之间的界面可以作为断裂初始位置而使材料宏观上呈现脆性断裂特征。

Bae 等[84]在 Ni 基非晶合金粉末的热挤压成形过程中，加入 Cu 纤维对非晶基体进行强化，成功制备了 Ni 基非晶/Cu 纤维复合材料。他们采用 500MPa 成形挤压力，在过冷液相区中使复合材料热挤压成形，结果表明：单相 Ni 基非晶合金呈脆性断裂特征，而含有体积分数 40% Cu 纤维的复合材料试样在断裂前具有明显的塑性变形过程，但是由于 Cu 纤维很软，材料的断裂强度随着 Cu 纤维体积分数的增加而降低。从复合材料断口形貌照片中可见，剪切带在 Cu 纤维与非晶基体结合处萌生，但是 Cu 纤维对剪切带起到了有效的阻碍作用，使剪切带不能穿越 Cu 纤维而增殖和扩展，这正是复合材料具有宏观塑性的原因。

　　Xie 等[99]采用 SPS 的方法，制备了大尺寸（ϕ20mm×5mm）、同时具有高强度和一定塑性的 Ni 基非晶合金/SiC 颗粒（W 颗粒）复合材料。图 1-9（a）为单相 Ni 基非晶合金［曲线（A）］、添加了体积分数 10% SiC 颗粒的 Ni 基非晶复合材料［曲线（B）］和添加了体积分数 5% W 颗粒的 Ni 基非晶合金复合材料［曲线（C）］的压缩应力-应变曲线。可以看出，SiC 颗粒的添加，在断裂强度基本不变的情况下，使得 Ni 基非晶合金在发生断裂前具有一定的塑性变形；W 颗粒的添加虽然可以大幅改善 Ni 基非晶合金的塑性，但使复合材料的断裂强度有所降

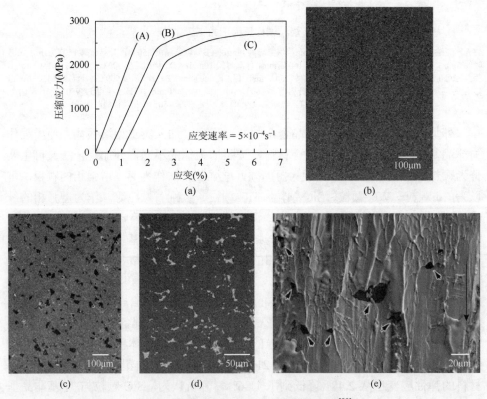

图 1-9　SPS 制备非晶合金复合材料实例[99]

（a）烧结试样压缩应力-应变曲线；（b）烧结单相 Ni 基非晶合金组织形貌；（c）添加体积分数 10% SiC 颗粒复合材料组织形貌；（d）添加体积分数 5% W 颗粒复合材料组织形貌；（e）添加体积分数 10% SiC 颗粒复合材料压缩断口侧表面形貌

低。图 1-9（b）为烧结单相 Ni 基非晶合金组织形貌。图 1-9（c）、（d）分别为添加了 SiC 颗粒、W 颗粒的 Ni 基非晶复合材料组织形貌。图 1-9（e）为添加了体积分数 10% SiC 颗粒复合材料的压缩断口的侧表面形貌，长箭头所示为剪切带增殖方向，短箭头所示为 SiC 颗粒。分析认为，复合材料塑性有所提高的原因是增强相颗粒可以有效地阻止剪切带的偏转、分叉和增殖。

1.4 非晶合金及其复合材料在功能材料领域的研究现状

1.4.1 非晶合金及其复合材料的功能化性能

非晶合金作为一种无晶界新型材料，由于其独特的长程无序微观结构，表现出比常规晶态材料优异的物理、化学和力学性能。作为一种具有优异综合性能的材料，非晶合金具有广阔的应用前景，可应用于航空航天、汽车、化工、能源、军事等领域。

同时，非晶合金及其复合材料还可作为集众多优点于一体的新型材料应用于功能材料领域。对非晶合金及其复合材料功能化性能的开发与评价，主要集中在 Fe 基、Zr 基及 Ti 基等非晶合金体系材料中。Fan 等[100]研究了 $Fe_{41}Co_7Cr_{15}Mo_{14}C_{15}B_6Y_2$ 非晶合金在酸性介质中的耐腐蚀行为，结果表明：在 H_2SO_4 腐蚀液中，与传统的 SUS 321 不锈钢及 Ti_6Al_4V 晶态材料相比，该 Fe 基非晶合金具有更为优异的耐腐蚀性能。

此外，某些 Fe 基大块非晶合金，由于具有优异的磁学性能，而在电子产品中得到广泛的应用（图 1-10）[101]。铁磁性取决于磁性原子排列的短程序，考虑到非晶态金属/合金长程无序的结构对磁性原子磁矩、原子间交换作用等决定磁性因素的影响，非晶态金属/合金的宏观磁性与相应的晶态金属有所不同[102]。

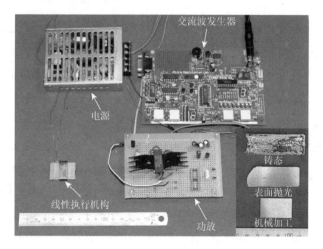

图 1-10 Fe 基非晶合金磁学性能的应用[101]

目前对 Fe 基大块非晶合金磁性性能的研究主要集中在如下合金系：Fe-(Al, Ga)-(P, C, B, Si, Ge)；Fe-TM（TM = Ⅳ-Ⅷ族过渡金属）-B；Fe(Co)-(Al, Ga)-(P, C, Si, B)；Fe-(Co, Ni)-M-B（M = Zr, Hf, Nb, Ta, Mo, W）等。Fe 基非晶合金与晶体磁性材料相比具有以下优势[102]：①室温下具有较高的电阻率；②具有较高的初始磁导率；③矫顽力较低；④通过调整工艺参数可以控制磁畴壁结构的排列；⑤具有更好的高频磁导率。目前，采用 Fe 基非晶合金替代传统的晶态磁性材料，应用于变压器中，可以大幅度降低磁损耗，达到节约能耗的目的。另外，值得注意的是 Fe 基非晶合金基体中析出纳米晶体后可以使合金的磁学性能得到提高，而其他方法很难获得此类尺寸细小的晶体，因此，采用非晶晶化法制备块体纳米软磁材料已经成为制备高性能磁性材料的主要方法。

Fe 基非晶合金除了具有优异的耐腐蚀性能及磁学性能外，还具有良好的化学降解性能。Lin 等[103]采用熔体旋淬方法成功制备了 $Fe_{78}Si_9B_{13}$ 非晶合金带材，他们将制备的 Fe 基非晶合金材料用于废水再处理领域，结果发现，该 Fe 基非晶合金可以降解废水中具有毒性的染料成分，具备作为新型降解催化剂使用的前景。

Wang 等[104]采用机械合金化及气雾化的方法，分别制备了 $Fe_{73}Si_7B_{17}Nb_3$ 非晶合金粉末。研究表明：制备的 Fe 基非晶合金粉末具有优异的降解有机毒性物质的性能，他们测试了所制备粉末材料降解具有毒性的偶氮染料的性能，结果表明：在相同的测试条件下，球磨态 Fe 基非晶合金粉末的降解速率是纯 Fe 粉的 60 倍，而气雾化态 Fe 基非晶合金粉末的降解速率达到了纯 Fe 粉的 200 倍，如图 1-11 所示。

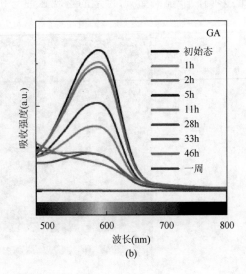

(a)　　　　　　　　　　　　(b)

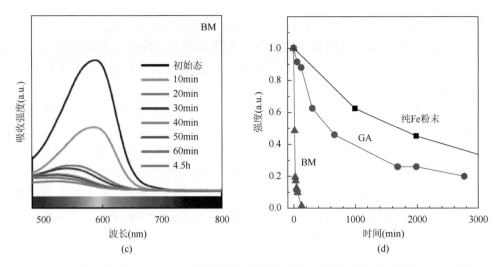

图 1-11 Fe 基非晶粉末与纯 Fe 粉末降解偶氮染料外观及实验曲线[104]（彩图见封底二维码）

有研究者对 Zr 基非晶合金的生物医用性能进行了研究。Qiu 等[105]开发出了不含有生物毒性 Ni 的 $Zr_{60}Nb_5Cu_{22.5}Pd_5Al_{7.5}$ 非晶合金形成成分，该非晶合金除了具有优异的力学性能与在模拟体液中优异的耐腐蚀性能外，还具有良好的生物相容性，如图 1-12 所示。与传统的 Ti-6Al-4V（TC4）晶态合金相比，$Zr_{60}Nb_5Cu_{22.5}Pd_5Al_{7.5}$ 非晶合金在相同的测试条件下具有更高的细胞存活能力（更低的生物毒性）及细胞生长活性。由 SEM 图也可见，细胞可以在此 Zr 基非晶合金表面连续生长，这也直接证明了该非晶合金具有优异的生物相容性，具备作为新型生物医用材料应用的前景。

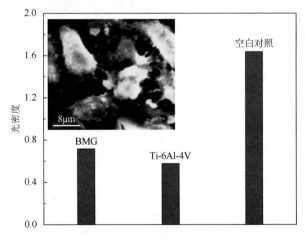

图 1-12 细胞毒性测试与 Zr 基非晶合金表面细胞生长形貌[105]

此外，Zr 基非晶合金复合材料还具有优异的吸收环境噪声的性能，可用于环境噪声治理领域。Bian 等[106]采用铜模铸造的方法制备了碳纳米管增强 Zr 基非晶合金复合材料，结果表明，该复合材料表现出优良的声波吸收性能，具有屏蔽环境噪声的功能。

Liu 等[107]采用机械合金化-球磨的方法制备出 Ti 基非晶合金粉末，将非晶合金粉末退火处理后，合金粉末中析出二十面体准晶相，研究表明，该非晶合金粉末及准晶相粉末具有良好的储氢性能，有望成为新型储氢材料而得到应用。

Wang 等[108]设计开发了新型 Ti 基非晶合金形成成分 $Ti_{41.5}Zr_{2.5}Hf_5Cu_{37.5}Ni_{7.5}Si_1Sn_5$，研究结果表明，该非晶合金具有优异的力学性能，较低（接近人骨）的弹性模量与良好的生物相容性，图 1-13 所示为采用该 Ti 基非晶合金制备的生物医用植入体材料照片。

图 1-13　Ti 基非晶合金制备的生物医用植入体材料[108]

1.4.2　非晶合金及其复合材料的退合金化

随着人类社会的进步，能源的消耗成为全世界关注的重要问题。可再生、高效、清洁无污染已成为对新型能源材料的更高要求。太阳光能作为清洁能源的首选，是未来理想的能源之一。随着对能源需求的日益增加，开发低成本、高效率的太阳光能利用转换技术（如光解水制氢）已受到人们的广泛关注。众所周知，当材料尺寸达到纳米级别时，小尺寸效应、量子效应、表面与界面效应和宏观量子隧道效应等[109]，会使材料表现出独特的功能化性能。因此，通过纳米材料设计与控制合成方法，可以设计、开发纳米材料的新功能和新特性，这使得纳米材料用于解决能源问题成为可能。

　　在合成条件一定的情况下，所制备纳米材料的微观组织、形貌和性能取决于所采用的反应原材料。目前，绝大多数纳米功能材料的制备原料是无机金属盐或有机金属化合物（多采用化学方法），此外，对纳米功能材料的后续改性处理也无疑增加了工艺步骤。合金是由两种或两种以上金属或金属与非金属所形成的具有金属特性的材料。近年来，许多研究者以合金为原材料，结合化学反应方法，合成了多种新型功能化纳米材料。Zhang 等[110]采用 Al-Au 合金电化学-退合金化方法，制备了纳米多孔 Au 薄带材料。Stepanovich 等[111]利用 W-Al、W-Fe 合金材料合成了纳米尺度 WO_3 多孔薄膜，此新型纳米材料具有光电转换及光催化制氢性能。

　　Xiang 等[112]以金属 Ti 为原料，合成了花状{001}显露晶面的 TiO_2 纳米薄膜（图 1-14），此纳米材料具有优异的光催化降解水中有毒偶氮染料的性能。Zhu 等[113]在 Ti-Cu 合金表面合成了多孔纳米氧化钛与氧化亚铜复合金属氧化物，达到了一步合成并对合金表面原位改性的目的。

图 1-14　花状纳米薄膜形貌[112]

　　非晶合金长程无序的微观原子排布，使其具有特殊的能量亚稳态。独特的原子分布规律使得以非晶合金为原料、结合物理化学方法、合成新型纳米功能材料成为近年来研究的热点。Luo 等[114]以 Mg 基非晶合金为原料，采用电化学-退合金化方法成功制备了纳米尺寸多孔 Cu 材料，他们详细研究了该 Mg 基非晶合金的退合金化过程与机制，认为非晶原料与溶液界面处的溶解与扩散过程决定了纳米孔洞的形成，图 1-15 所示为该 Mg 基非晶合金退合金化过程中形核与长大机制示意图。

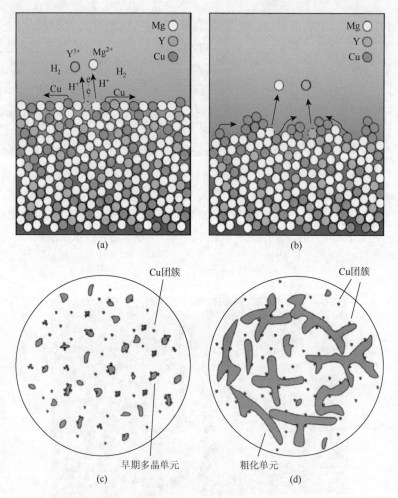

图 1-15　Mg 基非晶合金退合金化过程中形核与长大机制示意图[114]（彩图见封底二维码）

在众多合金体系中，Ti 基非晶合金具有比强度高、耐腐蚀性能好、生物相容性好等优势[115]。而在纳米材料领域中，纳米钛酸盐及纳米 TiO_2 具有稳定性高、无生物毒害作用等优点。因此，纳米钛酸盐及纳米 TiO_2 在太阳能光电转换、光催化降解大气和水中的污染物、光解水制氢等方面具有广阔的应用前景。对于具有功能化性能的 Ti 基非晶合金及其复合材料的制备，水热反应-退合金化方法具有简便易行、清洁无污染等特点。

水热法是退合金化的一种常用方法，其原理是[116]：反应前驱体在高温高压的环境下，发生化学反应生成产物；可以使金属或合金与溶液发生氧化、前驱体发生水解、金属盐发生还原等反应。Jayaraj 等[117]采用水热退合金化的方法，成功制备了多孔 Ti 基非晶合金材料，孔洞尺寸为 15～155nm，如图 1-16 所示。

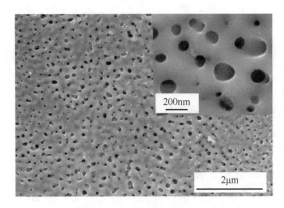

图 1-16　多孔 Ti 基非晶合金材料的 SEM 形貌[117]

　　Sugiyama 等[118]采用水热反应-退合金化的方法，在 Ti 基非晶合金表面成功制备了具有生物活性的钛酸盐纳米线材料，该纳米线材料在模拟人体体液中浸泡后进一步转变为骨骼形状的羟基磷灰石，如图 1-17 所示。以上研究成果说明，Ti 基非晶合金及其复合材料除了具有优异的力学性能，在功能材料领域也显示出独特的性能与广阔的应用前景。

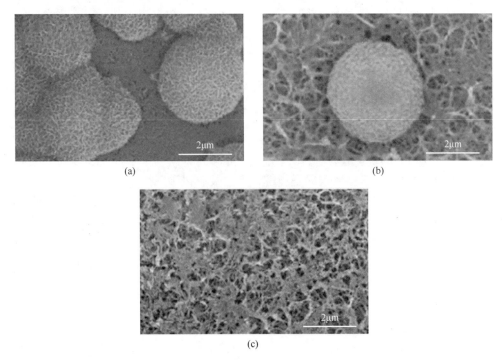

图 1-17　在 Ti 基非晶合金纳米网上沉积的羟基磷灰石形貌[118]
（a）12 天；（b）7 天；（c）2 天

1.5 亚稳合金粉末结构/功能应用领域及研究意义

非晶合金作为一种新型高性能材料，具有广阔的应用前景。例如，利用其高硬度和高强度，可以作为高性能结构材料；利用其高断裂韧性，可以作为模具材料；利用其高弹性能，可以作为电极材料；利用其高耐磨性，可以作为耐磨材料；利用其高抗腐蚀性，可以作为耐蚀材料；等等。

Ti 基非晶合金除了具有非晶合金的其他优异性能以外，还具有比强度高和耐腐蚀性能好的特点。因此，Ti 基非晶合金更具有实际应用价值。Ti 基非晶合金的应用前景包括以下几个领域。

（1）航天和空间探索领域：利用 Ti 基非晶合金的高比强度、一定的比刚度、耐低温、耐磨损和无磁性等特点，可以用于航天探测器，如空间分离机构的压环。

（2）航空领域：与航天和空间探索领域相似，Ti 基非晶合金还可以用于战斗机或民用客机的关键部件，如航空轴承。

（3）军事领域：Ti 基非晶合金可以应用于某些军事武器，如军事装甲、穿甲弹等。

（4）工业领域：由于 Ti 基非晶合金的密度较小，可以用于某些工业场合，如汽车的发动机部件或框架部件等。

（5）生物医学领域：由于 Ti 基非晶合金具有高弹性应变、低弹性模量及良好的生物相容性等特点，可以用于生物医学领域，如人造骨骼、牙齿等。

（6）奢侈品及体育器材领域：相对于晶态材料，Ti 基非晶合金具有相对优异的性能和相对昂贵的价格，因此可用于某些奢侈品及体育器材方面，如手机外壳、高尔夫球杆、棒球棒、网球拍等。

尽管 Ti 基非晶合金具有优异的性能和广阔的应用前景，但针对其实际应用，还有一系列关键的科学技术问题亟待解决，主要有以下三个方面。

（1）玻璃形成能力有限：低玻璃形成能力使其很难作为工业结构材料应用。目前玻璃形成能力相对较好的 Ti 基非晶合金成分均含有有毒元素（如 Be）或贵金属元素（如 Pd），不适宜大规模生产或生产成本较高。

（2）室温塑性较差：Ti 基非晶合金的室温拉伸塑性几乎为 0；压缩塑性一般 <2%，宏观塑性差导致 Ti 基非晶合金灾难性脆性断裂。

（3）对生产制备条件要求苛刻：由于 Ti 元素比较活泼，Ti 基非晶合金的制备一般需要高纯原料，并在高真空后保护气氛下进行，对生产设备要求较高，不适宜大规模生产。

在功能材料领域，与薄膜状纳米材料相比，粉末状态的纳米功能材料由于其比表面积大，具有比一般的薄膜纳米材料更优异的功能化性能。然而，由于传统纳米粉末材料颗粒细微,其在水溶液中易于失活和凝聚、不易沉降,难以回收再利用及后续再加工处理(如喷涂)。因此,虽然功能纳米粉体材料所固有的诸多优点使其具有潜在的应用前景,但其进一步应用尚需解决合成制备及后处理等关键的科学技术问题。以纯金属为原料,采用气雾化快速凝固方法制备合金粉末,是粉末冶金学科制备预合金粉末原料的重要方法。采用不同的制备方法及工艺参数,可以获得不同尺寸(纳米/亚微米/微米)、不同形貌(球形/不规则形状等)的合金粉末。另外,由于合金化原理不同,所制备合金粉末表现出不同的微观相结构(晶态合金/非晶合金、金属间化合物/固溶体等)。

综上所述,针对亚稳合金的应用前景及制备成形所亟待解决的瓶颈问题,采用粉末冶金工艺路线,利用粉末烧结方法制备 Ti 基大块非晶合金及其复合材料,可以达到增大材料尺寸并提高单一材料力学性能的目的。此外,合金材料作为新型反应原材料在制备高性能纳米材料领域的成功应用,以及粉末冶金工艺方法在制备合金粉末方面的诸多优势给予人们启发:采用粉末冶金方法制备 Ti 基非晶合金粉末,而后结合一步式水热反应,可以原位合成出具有优异性能的纳米功能材料,进而为此类材料在能源、环境净化等领域的应用提供基础实验数据。另外,所制备的核壳结构粉末材料,例如,微米级合金粉末作为"核",表面生长的纳米尺寸材料作为"壳",此核壳结构粉体材料不仅可以保留功能化的性能特点,而且高密度的合金核可以使此材料简单、便捷地从液态体系中通过物理沉降回收再利用或后续再处理,解决了高性能纳米粉体材料应用的瓶颈问题。

基于以上,本书以作者十几年从事亚稳合金及粉末冶金新材料制备成形科学技术问题研究相关成果为基础,以亚稳 Ti 合金粉末为原料,主要介绍采用电流辅助快速烧结及退合金化反应的新工艺思路,制备成形新型 Ti 基非晶合金结构/功能材料,进一步拓宽 Ti 基非晶合金的应用领域,推动 Ti 基非晶合金及其相关新材料在高新技术产业中的实际应用。

参 考 文 献

[1] Jun W K,Willens R H,Duwez P. Non-crystalline structure in solidified gold-silicon alloys. Nature,1960,187(4740):869-870.

[2] Wang W H,Dong C,Shek C H. Bulk metallic glasses. Materials Science and Engineering R,2004,44(2-3):45-89.

[3] Nishiyama N,Inoue A. Supercooling investigation and critical cooling rate for glass formation in Pd-Cu-Ni-P alloy. Acta Materialia,1999,47(5):1487-1495.

[4] Lu Z P,Hu X,Li Y,et al. Glass forming ability of La-Al-Ni-Cu and Pd-Si-Cu bulk metallic glasses. Materials Science and Engineering A,2001,304-306:679-682.

[5] Yokoyama Y,Fukaura K,Inoue A. Cast structure and mechanical properties of Zr-Cu-Ni-Al bulk glassy alloys. Intermetallics,2002,10(11-12):1113-1124.

[6] Motyka M, Gilardi E, Heunen G, et al. Kinetics and thermodynamics of bulk glass formation in a $Zr_{52.5}Cu_{17.9}$ $Ni_{14.6}Al_{10}Ti_5$ alloy. Materials Transactions, 2002, 43 (8): 1907-1912.

[7] Men H, Hu Z Q, Xu J. Bulk metallic glass formation in the Mg-Cu-Zn-Y system. Scripta Materialia, 2002, 46 (10): 699-703.

[8] Zhang T, Inoue A. Ti-based amorphous alloys with a large supercooled liquid region. Materials Science and Engineering A, 2001, 304-306: 771-774.

[9] Shen J, Chen Q J, Sun J F, et al. Exceptionally high glass-forming ability of an FeCoCrMoCbY alloy. Applied Physics Letters, 2005, 86 (15): 151907 (1-3).

[10] Choi-Yim H, Xu D H, Johnson W L. Ni-based bulk metallic glass formation in the Ni-Nb-Sn and Ni-Nb-Sn-X (X=B, Fe, Cu) alloy systems. Applied Physics Letters, 2003, 82 (7): 1030-1032.

[11] Park E S, Lim H K, Kim W T, et al. The effect of Sn addition on the glass-forming ability of Cu-Ti-Zr-Ni-Si metallic glass alloys. Journal of Non-Crystalline Solids, 2002, 298 (1): 15-22.

[12] Inoue A. Stabilization of metallic supercooled liquid and bulk amorphous alloys. Acta Materialia, 2000, 48 (1): 279-306.

[13] Ma C L, Ishihara S, Soejima H, et al. Formation of new Ti-based metallic glassy alloys. Materials Transactions, 2004, 45 (5): 1802-1806.

[14] Sheng W B. Correlations between critical section thickness and glass-forming ability criteria of Ti-based bulk amorphous alloys. Journal of Non-Crystalline Solids, 2005, 351 (37-39): 3081-3086.

[15] Men H, Pang S J, Inoue A, et al. New Ti-based bulk metallic glasses with significant plasticity. Materials Transactions, 2005, 46 (10): 2218-2220.

[16] Inoue A. Synthesis and properties of Ti-based bulk amorphous alloys with a large supercooled liquid region. Journal of Metastable and Nanocrystalline Materials, 1999, 2-6: 307-314.

[17] Huang Y J, Shen J, Sun J F, et al. A new Ti-Zr-Hf-Cu-Ni-Si-Sn bulk amorphous alloy with high glass-formation ability. Journal of Alloys and Compounds, 2007, 427 (1-2): 171-175.

[18] Zhu S L, Wang X M, Qin F X, et al. Glass-forming ability and thermal stability of Ti-Zr-Cu-Pd-Si bulk glassy alloys for biomedical applications. Materials Transactions JIM, 2007, 48 (2): 163-166.

[19] Bolton J. Modern development in sintered high speed steels. Metal Powder Report, 1996, 51 (2): 33-37.

[20] Zhang X H, Qu Q, Han J C, et al. Microstructural features and mechanical properties of ZrB_2-SiC-ZrC composites fabricated by hot pressing and reactive hot pressing. Scripta Materialia, 2008, 59 (7): 753-756.

[21] Li D R, Liu Z Y, Yu Y, et al. The influence of mechanical milling on the properties of W-40 wt% Cu composite produced by hot extrusion. Journal of Alloys and Compounds, 2008, 462 (1-2): 94-98.

[22] Wang Y M, Wang X, Jiang Y F, et al. Study on sintering process and characteristic of nanosized soft magnetic MnZn ferrite powders. Rare Metals, 2006, 25 (6): 531-535.

[23] Ceschni L, Morri A, Sambogna G. The effect of hot isostatic pressing on the fatigue behaviour of sand-cast A356-T6 and A204-T6 aluminum alloys. Journal of Materials Processing Technology, 2008, 204 (1-3): 231-238.

[24] Liu Z Y, Loh N H, Khor K A, et al. Microstructure evolution during sintering of injection molded M2 high speed steel. Materials Science and Engineering A, 2000, 293 (1): 46-55.

[25] Lapovok R, Tomus D, Muddle B C. Low-temperature compaction of Ti-6Al-4V powder using equal channel angular extrusion with back pressure. Materials Science and Engineering A, 2008, 490 (1-2): 171-180.

[26] Chaim R. Densification mechanisms in spark plasma sintering of nanocrystalline ceramics. Materials Science and Engineering A, 2007, 443 (1-2): 25-32.

[27]　Olevsky E，Froyen L. Constitutive modeling of spark-plasma sintering of conductive materials. Scripta Materialia，2006，55（12）：1175-1178.

[28]　Cheng J P，Agrawal D，Roy R，et al. Continuous microwave sintering of alumina abrasive grits. Journal of Materials Processing Technology，2000，108（1）：26-29.

[29]　Simchi A，Godlinski D. Effect of SiC particles on the laser sintering of Al-7Si-0.3Mg alloy. Scripta Materialia，2008，59（2）：199-202.

[30]　Szewczak E，Paszula J，Leonov A V，et al. Explosive consolidation of mechanically alloyed Ti-Al alloys. Materials Science and Engineering A，1997，226-228（6）：115-118.

[31]　李元元，肖志瑜，陈维平，等. 粉末冶金高致密化成形技术的新进展. 粉末冶金材料科学与工程，2005，10（1）：1-9.

[32]　Zhou R，Wang D J，Shen J，et al. Effect of carbon addition on the microstructure and properties of M 3∶2 high speed steels processed by powder metallurgy. Advanced Materials Research，2007，29-30：153-158.

[33]　Zhu H H，Lu L，Fuh J Y H. Development and characterization of direct laser sintering Cu-based metal powder. Journal of Materials Processing Technology，2003，140（1-3）：314-317.

[34]　Zhang F M，Shen J，Sun J F. Processing and properties of carbon nanotubes-nano-WC-Co composites. Materials Science and Engineering A，2004，381（1-2）：86-91.

[35]　Lee P Y，Yao C J，Chen J S，et al. Preparation and thermal stability of mechanically alloyed Cu-Zr-Ti-Y amorphous powders. Materials Science and Engineering A，2004，375-377：829-833.

[36]　Deledda S，Eckert J，Schultz L. Mechanically alloyed Zr-Cu-Al-Ni-C glassy powders. Materials Science and Engineering A，2004，375-377：804-808.

[37]　Sadano H，Arakawa T. Magnetic properties of amorphous Si-M（M＝Fe or Co）alloy powder produced by mechanical alloying. Materials Transactions JIM，1996，37（5）：1099-1102.

[38]　Hun K K，Bo S K. The effect of lanthanum on the fabrication of ZrB_2-ZrC composites by spark plasma sintering. Materials Characterization，2003，50（1）：31-37.

[39]　Nishiyama N，Inoue A. Flux treated Pd-Cu-Ni-P amorphous alloys having low critical cooling rate. Materials Transactions JIM，1997，38（5）：464-472.

[40]　Waniuk T A，Schroers J，Johnson W L. Critical cooling rate and thermal stability of Zr-Ti-Cu-Ni-Be alloys. Applied Physics Letters，2001，78（9）：1213-1215.

[41]　Inoue A，Wang X M，Zhang W. Developments and applications of bulk metallic glasses. Reviews on Advanced Materials Science，2008，18（1）：1-9.

[42]　夏明许，郑红星，马朝利，等. Ti 基大块非晶合金的制备基热稳定性. 稀有金属材料与工程，2005，34（8）：1235-1238.

[43]　Takemoto R，Mizubayashi H. Effects of passing electric current on structural relaxation，crystallization and elastic property in amorphous $Cu_{50}Ti_{50}$. Acta Metallurgica et Materialia，1995，43（4）：1495-1504.

[44]　Inoue A，Kimura H M，Masumoto T，et al. Superconductivity of ductile Ti-Nb-Si amorphous alloys. Journal of Applied Physics，1980，51（10）：5475-5482.

[45]　Kim Y C，Yi S，Kim W T，et al. Glass forming ability and crystallization behaviors of the Ti-Cu-Ni-(Sn) alloys with large supercooled liquid region. Journal of Metastable & Nanocrystalline Materials，2001，10：67-72.

[46]　Zhang T，Inoue A，Masumoto T. The effect of atomic size on the stability of supercooled liquid for amorphous $(Ti, Zr, Hf)_{65}Ni_{25}Al_{10}$ and $(Ti, Zr, Hf)_{65}Cu_{25}Al_{10}$ alloys. Materials Letters，1993，15（5-6）：379-382.

[47]　Inoue A，Nishiyama N，Amiya K，et al. Ti-based amorphous alloys with a wide supercooled liquid region.

Materials Letters, 1994, 19 (3-4): 131-135.

[48] Wang L, Li C, Inoue A. Formation of Ti-Zr(Hf)-Ni-Cu amorphous alloys and quasicrystal precipitation upon annealing. Materials Transactions, 2001, 42 (3): 528-531.

[49] Amiya K, Nishiyama N, Inoue A, et al. Mechanical strength and thermal stability of Ti-based amorphous alloys with large glass-forming ability. Materials Science and Engineering A, 1994, 179-180: 692-696.

[50] Guo F Q, Wang H J, Poon S J, et al. Ductile titanium-based glassy alloy ingots. Applied Physics Letters, 2005, 86: 091907 (1-3).

[51] Kim K B, Yi S, Lim H K, et al. Ti-based bulk amorphous and quasicrystalline materials prepared by warm process. Materials Science Forum, 2001, 360-362: 21-28.

[52] Takasaki A, Kelton K F. High-pressure hydrogen loading in $Ti_{45}Zr_{38}Ni_{17}$ amorphous and quasicrystal powders synthesized by mechanical alloying. Journal of Alloys and Compounds, 2002, 347 (1-2): 295-300.

[53] Kim Y C, Kim W T, Kim D H. A development of Ti-based bulk metallic glass. Materials Science and Engineering A, 2004, 375-377: 127-135.

[54] Zhu S L, Wang X M, Qin F X, et al. A new Ti-based bulk glassy alloy with potential for biomedical application. Materials Science and Engineering A, 2007, 459 (1-2): 233-237.

[55] Zhu S L, Wang X M, Inoue A. Glass-forming ability and mechanical properties of Ti-based bulk glassy alloys with large diameters of up to 1 cm. Intermetallics, 2008, 16 (8): 1031-1035.

[56] Santamarta R, Schryvers D. Structure of multi-grain spherical particles in an amorphous $Ti_{50}Ni_{25}Cu_{25}$ melt-spun ribbon. Materials Science and Engineering A, 2004, 378 (1-2): 143-147.

[57] Seki I, Fukuhara M, Kawashima A, et al. Annealing-induced devitrification behavior of a $Ti_{47.4}Zr_{5.3}Ni_{5.3}Cu_{42.0}$ glassy alloy. Materials Transactions, 2007, 48 (9): 2459-2463.

[58] Louzguine D V, Inoue A. Nanocrystallization of Ti-Ni-Cu-Sn amorphous alloy. Scripta Materialia, 2000, 43 (4): 371-376.

[59] Louzguine D V, Inoue A. Multicomponent metastable phase formed by crystallization of Ti-Ni-Cu-Sn-Zr amorphous alloy. Journal of Materials Research, 1999, 14 (11): 4426-4430.

[60] Battezzati L, Baricco M, Fortina P, et al. The influence of annealing atmosphere on the formation of nanocrystals from devitrification of a $Ti_{38.5}Cu_{32}Co_{14}Al_{10}Zr_{5.5}$ amorphous alloy. Materials Science and Engineering A, 1997, 226-228: 503-506.

[61] Jeng I K, Lee P Y, Chen J S, et al. Mechanical alloyed Ti-Cu-Ni-Si-B amorphous alloys with significant supercooled liquid region. Intermetallics, 2002, 10 (11-12): 1271-1276.

[62] Zhang L C, Xu J. Formation of glassy $Ti_{50}Cu_{20}Ni_{24}Si_4B_2$ alloy by high-energy ball milling. Materials Letters, 2002, 56 (5): 615-619.

[63] Wu X F, Suo Z Y, Si Y, et al. Bulk metallic glass formation in a ternary Ti-Cu-Ni alloy system. Journal of Alloys and Compounds, 2008, 452 (2): 268-272.

[64] Kim Y C, Bae D H, Kim W T, et al. Glass forming ability and crystallization behavior of Ti-based alloys with high specific strength. Journal of Non-Crystalline Solids, 2003, 325 (1): 242-250.

[65] Zhang T, Inoue A. Thermal and mechanical properties of Ti-Ni-Cu-Sn amorphous alloys with a wide supercooled liquid region before crystallization. Materials Transactions, 1998, 39 (10): 1001-1006.

[66] Park J M, Chang H J, Han K H, et al. Enhancement of plasticity in Ti-rich Ti-Zr-Be-Cu-Ni bulk metallic glasses. Scripta Materialia, 2005, 53 (1): 1-6.

[67] Hao G J, Zhang Y, Lin J P, et al. Bulk metallic glass formation of Ti-based alloys from low purity elements.

Materials Letters，2006，60（9-10）：1256-1260.

[68] Duan G，Wiest A，Lind M L，et al. Lightweight Ti-based bulk metallic glasses excluding late transition metals. Scripta Materialia，2008，58（6）：465-468.

[69] Ma C L，Soejima H，Ishihara S，et al. New Ti-based bulk glassy alloys with high glass-forming ability and superior mechanical properties. Materials Transactions，2004，45（11）：3223-3227.

[70] Park J M，Kim Y C，Kim W T，et al. Ti-based bulk metallic glasses with high specific strength. Materials Transactions，2004，45（2）：595-598.

[71] Lu J，Ravichandran G，Johnson W L. Deformation behavior of the $Zr_{41.2}Ti_{13.8}Ni_{10}Cu_{12.5}Be_{22.5}$ bulk metallic glass over a wide range of strain-rates and temperatures. Acta Materialia，2003，51（12）：3429-3443.

[72] Zhang Y，Zhao D Q，Wang R J，et al. Formation and properties of $Zr_{48}Nb_8Cu_{14}Ni_{12}Be_{18}$ bulk metallic glass. Acta Materialia，2003，51（7）：1971-1979.

[73] Harms U，Jin O，Schwarz R B. Effects of plastic deformation on the elastic modulus and density of bulk amorphous $Pd_{40}Ni_{10}Cu_{30}P_{20}$. Journal of Non-Crystalline Solids，2003，317（1）：200-205.

[74] Xu D H，Duan G，Johnson W L，et al. Formation and properties of new Ni-based amorphous alloys with critical casting thickness up to 5mm. Acta Materialia，2004，52（12）：3493-3497.

[75] Xu D H，Duan G，Johnson W L. Unusual glass-forming ability of bulk amorphous alloys based on ordinary metal copper. Physical Review Letters，2004，92（24）：245504.

[76] Zhang B，Pan M X，Zhao D Q，et al. "Soft" bulk metallic glasses based on cerium. Applied Physics Letters，2004，85（1）：61-63.

[77] Schroers J，Lohwongwatana B，Johnson W L，et al. Gold based bulk metallic glass. Applied Physics Letters，2005，87（6）：061912.

[78] Kim H J，Lee J K，Shin S Y，et al. Cu-based bulk amorphous alloys prepared by consolidation of amorphous powders in the supercooled liquid region. Intermetallics，2004，12（10-11）：1109-1113.

[79] Kawamura Y，Kato H，Inoue A，et al. Full strength compacts by extrusion of glassy metal powder at the supercooled liquid state. Applied Physics Letters，1995，67（14）：2008-2010.

[80] Sordelet D J，Rozhkova E，Besser M F，et al. Consolidation of gas atomized $Cu_{47}Ti_{34}Zr_{11}Ni_8$ amorphous powders. Journal of Non-Crystalline Solids，2003，317（1）：137-143.

[81] Lee M H，Bae D H，Kim W T，et al. Synthesis of Ni-based bulk amorphous alloys by warm extrusion of amorphous powders. Journal of Non-Crystalline Solids，2003，315（1）：89-96.

[82] Sordelet D J，Rozhkova E，Huang P，et al. Synthesis of $Cu_{47}Ti_{34}Zr_{11}Ni_8$ bulk metallic glass by warm extrusion of gas atomized powders. Journal of Materials Research，2002，17（1）：186-198.

[83] Lee S Y，Kim T S，Lee J K，et al. Effect of powder size on the consolidation of gas atomized $Cu_{54}Ni_6Zr_{22}Ti_{18}$ amorphous powders. Intermetallics，2006，14（8-9）：1000-1004.

[84] Bae D H，Lee M H，Kim D H，et al. Plasticity in $Ni_{59}Zr_{20}Ti_{16}Si_2Sn_3$ metallic glass matrix composites containing brass fibers synthesized by warm extrusion of powders. Applied Physics Letters，2003，83（12）：2312-2314.

[85] Kim Y B，Park H M，Jeung W Y，et al. Vacuum hot pressing of gas-atomized Ni-Zr-Ti-Si-Sn amorphous powder. Materials Science and Engineering A，2004，368（1-2）：318-322.

[86] El-Eskandarany M S，Inoue A. Synthesis of new bulk metallic glassy $Ti_{60}Ai_{15}Cu_{10}W_{10}Ni_5$ alloy by hot-pressing the mechanically alloyed powders at the supercooled liquid region. Metallurgical and Materials Transactions A，2006，37：2231-2238.

[87] Lee P Y，Hung S S，Hsieh J T，et al. Consolidation of amorphous Ni-Zr-Ti-Si powders by vacuum hot-pressing

method. Intermetallics，2002，10（11-12）：1277-1282.

[88] Ishihara S，Zhang W，Inoue A. Hot pressing of Fe-Co-Nd-Dy-B glassy powders in supercooled liquid state and hard magnetic properties of the consolidated alloys. Scripta Materialia，2002，47（4）：231-235.

[89] Lee P，Lo C，Jang J S C. Consolidation of mechanically alloyed $Mg_{49}Y_{15}Cu_{36}$ powders by vacuum hot pressing. Journal of Alloys and Compounds，2007，434-435：354-357.

[90] Lee J K，Kim H J，Kim T S，et al. Deformation behavior of Ni-based bulk metallic glass synthesized by spark plasma sintering. Journal of Materials Processing Technology，2007，187-188：801-804.

[91] Kim T S，Lee J K，Kim H J，et al. Consolidation of $Cu_{54}Ni_6Zr_{22}Ti_{18}$ bulk amorphous alloy powders. Materials Science and Engineering A，2005，402（1-2）：228-233.

[92] Choi P P，Kim J S，Nguyen O T H，et al. $Ti_{50}Cu_{25}Ni_{20}Sn_5$ bulk metallic glass fabricated by powder consolidation. Materials Letters，2007，61（23-24）：4591-4594.

[93] Ishihara S，Zhang W，Kimura H，et al. Consolidation of Fe-Co-Nd-Dy-B glassy powders by spark-plasma sintering and magnetic properties of the consolidated alloys. Materials Transactions，2003，44（1）：138-143.

[94] Lin H M，Lin C K，Jeng R R，et al. Preparation and properties of $Ti_{50}Cu_{28}Ni_{15}Sn_7$ bulk metallic glass by vacuum hot pressing. Metallurgical and Materials Transactions A，2008，39（8）：1857-1861.

[95] Zheng B L，Ashford D，Zhou Y Z，et al. Influence of mechanically milled powder and high pressure on spark plasma sintering of Mg-Cu-Gd metallic glasses. Acta Materialia，2013，61（12）：4414-4428.

[96] Li X P，Yan M，Schaffer G B，et al. Abnormal crystallization in $Al_{86}Ni_6Y_{4.5}Co_2La_{1.5}$ metallic glass induced by spark plasma sintering. Intermetallics，2013，39：69-73.

[97] Yang C，Liu L H，Yao Y G，et al. Intrinsic relationship between crystallization mechanism of metallic glass powder and microstructure of bulk alloys fabricated by powder consolidation and crystallization of amorphous phase. Journal of Alloys and Compounds，2014，586：542-548.

[98] Lin H M，Jeng R R，Lee P Y. Microstructure and mechanical properties of vacuum hot-pressing SiC/Ti-Cu-Ni-Sn bulk metallic glass composites. Materials Science and Engineering A，2008，493（1-2）：246-250.

[99] Xie G Q，Louzguine-Luzgin D V，Kimura H，et al. Large-size ultrahigh strength Ni-based bulk metallic glassy matrix composites with enhanced ductility fabricated by spark plasma sintering. Applied Physics Letters，2008，92（12）：121907.

[100] Fan H B，Zheng W，Wang G Y，et al. Corrosion behavior of $Fe_{41}Co_7Cr_{15}Mo_{14}C_{15}B_6Y_2$ bulk metallic glass in sulfuric acid solutions. Metallurgical and Materials Transactions A，2011，42（6）：1524-1533.

[101] Nishiyama N，Amiya K，Inoue A. Bulk metallic glasses for industrial products. Materials Transactions，2004，45（4）：1245-1250.

[102] 张志纯. 新型铁基软磁块体非晶合金的制备及性能. 湘潭：湘潭大学，2011：8-10.

[103] Lin B，Bian X F，Wang P，et al. Application of Fe-based metallic glasses in wastewater treatment. Materials Science and Engineering B，2012，177（1）：92-95.

[104] Wang J Q，Liu Y H，Chen M W，et al. Rapid degradation of azo dye by Fe-based metallic glass powder. Advanced Functional Materials，2012，22（12）：2567-2570.

[105] Qiu C L，Chen Q，Liu L，et al. A novel Ni-free Zr-based bulk metallic glass with enhanced plasticity and good biocompatibility. Scripta Materialia，2006，55（7）：605-608.

[106] Bian Z，Wang R J，Pan M X，et al. Excellent wave absorption by zirconium-based bulk metallic glass composites containing carbon nanotubes. Advanced Materials，2003，15（7-8）：616-621.

[107] Liu B Z，Liu D M，Wu Y M，et al. Hydrogen absorption in $Ti_{45}Zr_{35}Ni_{17}Cu_3$ amorphous and quasicrystalline alloy

powders. International Journal of Hydrogen Energy，2007，32（13）：2429-2433.

[108] Wang Y B，Li H F，Cheng Y，et al. *In vitro* and *in vivo* studies on Ti-based bulk metallic glass as potential dental implant material. Materials Science and Engineering C，2013，33（6）：3489-3497.

[109] 李廷会. 金属氧化物半导体纳米材料的制备、表征及其光学性质研究. 南京：南京大学，2011：1-2.

[110] Zhang Q，Wang X G，Qi Z，et al. A benign route to fabricate nanoporous gold through electrochemical dealloying of Al-Au alloys in a neutral solution. Electrochimica Acta，2009，54（26）：6190-6198.

[111] Stepanovich A，Sliozberg K，Schuhmann W，et al. Combinatorial development of nanoporous WO$_3$ thin film ohotoelectrodes for solar water splitting by dealloying of binary alloys. International Journal of Hydrogen Energy，2012，37：11618-11624.

[112] Xiang Q J，Yu J G，Jaroniec M. Tunable photocatalytic selectivity of TiO$_2$ films consisted of flower-like microspheres with exposed {001} facets. Chemical Communications，2011，47（15）：4532-4534.

[113] Zhu S L，He J L，Yang X J，et al. Ti oxide nano-porous surface structure prepared by dealloying of Ti-Cu amorphous alloy. Electrochemistry Communications，2011，13（3）：250-253.

[114] Luo X K，Li R，Huang L，et al. Nucleation and growth of nanoporous copper ligaments during electrochemical dealloying of Mg-based metallic glasses. Corrosion Science，2013，67：100-108.

[115] 王博. 钛基非晶合金/复合材料粉末冶金制备及退合金化. 哈尔滨：哈尔滨工业大学，2015：22.

[116] 尚立伟. 球形二氧化钛复合光催化材料的制备与性能研究. 哈尔滨：哈尔滨工业大学，2011：13.

[117] Jayaraj J，Park B J，Kim D H，et al. Nanometer-sized porous Ti-based metallic glass. Scripta Materialia，2006，55（11）：1063-1066.

[118] Sugiyama N，Xu H Y，Onoki T，et al. Bioactive titanate nanomesh layer on the Ti-based bulk metallic glass by hydrothermal-electrochemical technique. Acta Biomaterials，2009，5（4）：1367-1373.

第 2 章　Ti 基非晶合金的成分设计及基本特征

对于传统非晶合金，人们通过不同工艺来控制过冷熔体的冷却速度，从而得到非晶态结构。近年来，许多研究者发现大块非晶合金具有一定的结构成分特征，通过调整合金的成分可以抑制晶态相的形核和长大，从而实现低冷却速度下制备大块非晶合金。但到目前为止，研究人员对大块非晶合金形成的潜在规律仍不十分清楚。许多研究者通过实验的方法，得到了许多经验数据，对大块非晶合金的成分设计起到一定的指导意义。

在非晶合金成分设计的众多原则和判据中，深共晶点成分对于非晶合金的形成至关重要。据统计，尽管有些非晶合金形成成分不是共晶成分，但深共晶或近共晶成分原则在几类传统非晶合金及二元大块非晶合金中均得到了一定程度的体现，如表 2-1 所示。

表 2-1　部分非晶合金形成的成分特点

合金成分	成分特点	参考文献
$Pd_{84}Si_{16}$	共晶	[1]
$Mg_{65}Cu_{25}Y_{10}$	共晶	[2]
$Ti_{34}Zr_{11}Cu_{47}Ni_8$	近共晶	[3]
$Pd_{40}Cu_{30}Ni_{10}P_{20}$	近共晶	[4]
$Zr_{41.2}Ti_{13.8}Cu_{12.5}Ni_{10}Be_{22.5}$	近共晶	[5]
$Zr_{66}Al_8Cu_7Ni_{19}$	非共晶	[6]
$La_{55}Al_{25}Ni_{10}Cu_{10}$	非共晶	[7]

尽管许多研究者针对大块非晶合金的成分设计，提出了许多经验原则或判据。但是，这些原则或者仅从定性角度提出玻璃形成的趋势和范围，或者适用条件有限。

本章首先从 Ti-Cu 二元合金系出发，采用物理冶金的方法，得到一种对环境友好且成本相对低廉的 Ti 基非晶合金成分，并从形成热力学角度，介绍 Ti 基非晶合金形成熔体的热力学特征，最后，对得到的 Ti 基非晶合金的基本特征进行研究。

2.1　Ti 基非晶合金的成分设计

迄今，不含 Be 元素和贵金属元素的 Ti 基非晶合金体系的玻璃形成能力有限，如第 1 章所述。因此，选择普通元素 Cu，并以 Ti-Cu 二元合金相图为依据，根据深共晶点原则，在共晶成分 $Ti_{57}Cu_{43}$（原子百分比）附近选择成分 $Ti_{57}Cu_{43}$、$Ti_{55}Cu_{45}$ 和 $Ti_{60}Cu_{40}$，利用单辊旋淬设备，制备 30μm 厚的 Ti 基非晶合金薄带。

图 2-1（a）为成分 $Ti_{55}Cu_{45}$ 的 X 射线衍射曲线，图 2-1（b）为三种成分非晶合金薄带的差示扫描量热法曲线，升温速率为 40℃/min。由图 2-1 可见，三种成分均能制备出完全非晶态的 Ti 基非晶合金。但是三种成分均制备不出毫米级的样品，而带材的临界厚度又十分难以控制，所以为了评价三种合金成分玻璃形成能力的相对大小，根据文献[8]中各判据对评价 Ti 基非晶合金的形成能力的研究，约化玻璃转变温度 T_{rg}（T_g/T_l）判据能够最为准确地评价 Ti 基非晶合金的玻璃形成能力，因此，本章采用 T_{rg} 判据来评价三种 Ti 基非晶合金薄带的玻璃形成能力。

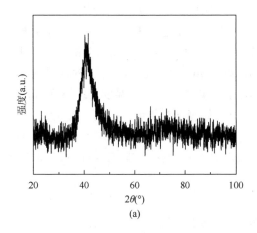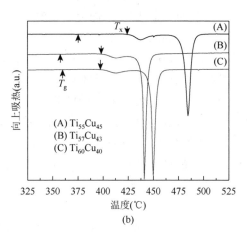

图 2-1　非晶薄带 X 射线衍射及热分析结果

（a）$Ti_{55}Cu_{45}$ 30μm 厚非晶薄带 X 射线衍射曲线；（b）三种薄带的差示扫描量热法曲线

图 2-2（a）为三种非晶合金薄带的差热分析法曲线，升温速率为 40℃/min；从三种非晶合金薄带的熔化峰中可以确定三种成分的熔点温度 T_m 和液相线温度 T_l，从而计算出三种合金成分的约化玻璃转变温度 T_{rg}（T_g/T_l），如图 2-2（b）所示。可以看出，虽然 $Ti_{57}Cu_{43}$ 为 Ti-Cu 二元体系的共晶成分，但近共晶成分 $Ti_{55}Cu_{45}$ 的约化玻璃转变温度 T_{rg} 数值最大，具有相对较强的玻璃形成能力。

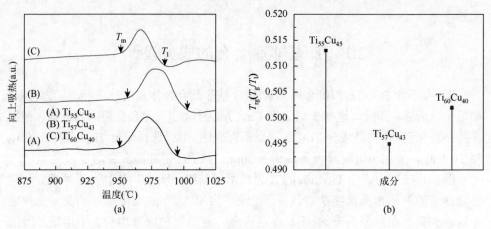

图 2-2　非晶薄带热分析及 T_{rg} 结果

（a）三种非晶合金薄带的差热分析法曲线；（b）三种非晶合金薄带的 T_{rg} 数值

　　为了提高玻璃形成能力，考虑到 Ni 原子与 Cu 原子具有相近的原子半径，以及无限互溶的特点，在 $Ti_{55}Cu_{45}$ 成分的基础上，采用 Ni 元素替换 Cu 元素。这样有利于增加合金体系的"混乱"程度，在熔体的冷却过程中，更容易形成一种复杂、混乱的合金结构，从而提高玻璃形成能力。调整甩带工艺参数，可以制备出 50μm 厚的 $Ti_{55}Cu_{42}Ni_3$（原子百分比）、$Ti_{55}Cu_{40}Ni_5$（原子百分比）、$Ti_{55}Cu_{38}Ni_7$（原子百分比）和 $Ti_{55}Cu_{36}Ni_9$（原子百分比）四种成分的薄带。通过 X 射线衍射分析，可以认为四种薄带样品均为完全的非晶态结构；在 40℃/min 的升温速率下，对四种薄带进行热分析（差示扫描量热法和差热分析法），可以得到四种样品的特征温度值。

　　同样地，计算出四种薄带对应的 T_{rg} 数值，如表 2-2 所示。可见，$Ti_{55}Cu_{42}Ni_3$ 成分薄带的 T_{rg} 数值要低于后三种成分的 T_{rg} 数值；而后三种成分的 T_{rg} 数值相差不大。这说明后三种成分具有相似的玻璃形成能力，且均强于 $Ti_{55}Cu_{42}Ni_3$ 成分的玻璃形成能力。

表 2-2　$Ti_{55}Cu_{45-x}Ni_x$（$x = 3, 5, 7, 9$）非晶合金薄带的特征温度值和 T_{rg} 数值

合金成分	T_g（K）	T_x（K）	T_m（K）	T_l（K）	T_{rg}（T_g/T_l）
$Ti_{55}Cu_{42}Ni_3$	652	692	1209	1258	0.518
$Ti_{55}Cu_{40}Ni_5$	658	696	1197	1248	0.527
$Ti_{55}Cu_{38}Ni_7$	658	703	1200	1252	0.526
$Ti_{55}Cu_{36}Ni_9$	661	708	1202	1245	0.530

　　考虑到 Sn 元素具有比较低的熔点（232℃），在以上三种 Ti-Cu-Ni 三元成分的基础上，利用替换的方法，将 Sn 元素引入合金体系中，则可以起到降低整个合

金体系的液相线温度 T_l 的作用，从而使合金的约化玻璃转变温度 T_{rg} 增加，即使得体系的玻璃形成能力进一步增加。因此在 $Ti_{55}Cu_{40}Ni_5$、$Ti_{55}Cu_{38}Ni_7$ 和 $Ti_{55}Cu_{36}Ni_9$ 三种成分的基础上，利用 Sn 元素替换 Ti 元素。继续增加 Ti 基非晶带材的厚度，可以制备出 $70\mu m$ 厚的 $Ti_{50}Cu_{40}Ni_5Sn_5$、$Ti_{50}Cu_{38}Ni_7Sn_5$ 和 $Ti_{50}Cu_{36}Ni_9Sn_5$（原子百分比）非晶态的带材。

类似地，在 $40^\circ C/min$ 升温速率下，$Ti_{50}Cu_{40}Ni_5Sn_5$、$Ti_{50}Cu_{38}Ni_7Sn_5$ 和 $Ti_{50}Cu_{36}Ni_9Sn_5$ 三种四元成分带材的特征温度值及 T_{rg} 数值如表 2-3 所示。

表 2-3　$Ti_{50}Cu_{45-x}Ni_xSn_5$（$x = 5, 7, 9$）非晶合金薄带的特征温度值和 T_{rg} 数值

合金成分	T_g（K）	T_x（K）	T_m（K）	T_l（K）	T_{rg}（T_g/T_l）
$Ti_{50}Cu_{40}Ni_5Sn_5$	689	736	1179	1220	0.565
$Ti_{50}Cu_{38}Ni_7Sn_5$	693	749	1181	1220	0.568
$Ti_{50}Cu_{36}Ni_9Sn_5$	693	754	1179	1219	0.568

可见，这三种 Ti 基非晶合金薄带的 T_{rg} 数值相差仍然不大，说明此三种成分的玻璃形成能力差别不大；但是，仍然制备不出临界尺寸大于 1mm 的完全非晶态样品。

为了继续提高玻璃形成能力，制备出毫米级的 Ti 基非晶合金，考虑到 Zr 元素与 Ti 元素同族具有相似的化学性质和不同的原子半径尺寸。将 Zr 元素引入合金体系中，更有利于形成更加紧密的原子堆垛构型，从而有利于大块非晶合金的形成。因此在 $Ti_{50}Cu_{40}Ni_5Sn_5$、$Ti_{50}Cu_{38}Ni_7Sn_5$ 和 $Ti_{50}Cu_{36}Ni_9Sn_5$ 三种成分中，利用 Zr 元素替换 Ti 元素。采用铜模铸造的方法，制备直径 2mm 的样品，图 2-3（a）、（b）分别为三种成分样品的差示扫描量热法曲线和 X 射线衍射曲线。

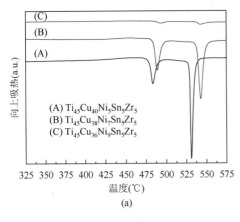
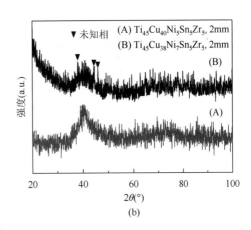

图 2-3　非晶棒状样品热分析及 X 射线衍射结果

（a）三种棒状非晶合金样品的差示扫描量热法曲线；（b）$Ti_{45}Cu_{40}Ni_5Sn_5Zr_5$ 和 $Ti_{45}Cu_{38}Ni_7Sn_5Zr_5$ 2mm 样品的 X 射线衍射曲线

从图 2-3(a)中可以看出：在 40℃/min 升温速率下，三种成分中，Ti$_{45}$Cu$_{36}$Ni$_9$Sn$_5$Zr$_5$（原子百分比）样品的晶化放热焓值很小，因此有理由认为其不是完全的非晶态；而 Ti$_{45}$Cu$_{40}$Ni$_5$Sn$_5$Zr$_5$（原子百分比）和 Ti$_{45}$Cu$_{38}$Ni$_7$Sn$_5$Zr$_5$（原子百分比）样品的晶化放热焓值很大，进一步进行 X 射线衍射分析，如图 2-4(b)所示，Ti$_{45}$Cu$_{38}$Ni$_7$Sn$_5$Zr$_5$ 成分样品中已经有少量的晶态相存在，而在 X 射线衍射分析的灵敏程度范围内，可以认为直径为 2mm 的 Ti$_{45}$Cu$_{40}$Ni$_5$Sn$_5$Zr$_5$ 样品为完全的非晶态。

在具有 2mm 临界尺寸的 Ti$_{45}$Cu$_{40}$Ni$_5$Sn$_5$Zr$_5$ 成分基础上，继续优化成分设计，采用铜模铸造的方法，可以得到临界尺寸分别为 3mm 的 Ti$_{42.5}$Cu$_{40}$Ni$_5$Sn$_5$Zr$_{7.5}$ 和 4mm 的 Ti$_{42.5}$Cu$_{40}$Ni$_5$Sn$_{2.5}$Zr$_{10}$（原子百分比）的 Ti 基大块非晶合金成分。图 2-4（a）～（c）分别为三种成分非晶合金的 X 射线衍射、差示扫描量热法及差热分析法曲线。

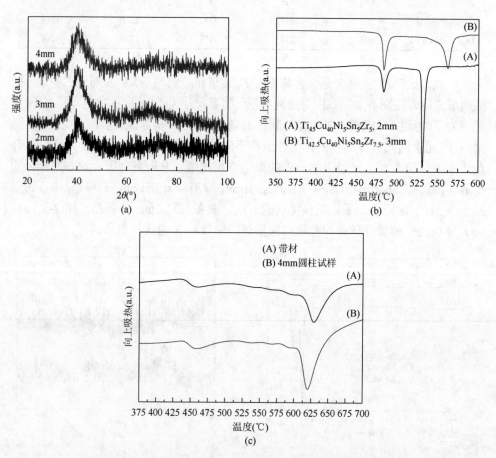

图 2-4　三种不同尺寸非晶合金棒 X 射线衍射及热分析结果

（a）2mm、3mm 和 4mm 样品的 X 射线衍射曲线；（b）2mm 和 3mm 样品的差示扫描量热法曲线；（c）4mm 样品及薄带的差热分析法曲线

　　至此，通过物理冶金手段，采用元素替换的方法，得到了不含有有毒元素，且成本相对低廉的 Ti 基大块非晶合金形成成分。

2.2　Ti 基非晶合金形成的热力学特征

　　金属玻璃的形成过程，是液相熔体与晶化相之间相互竞争的过程。从热力学上说，影响玻璃形成能力的因素主要有两个：一是金属熔体的性质，二是晶化过程的难易程度。金属熔体的性质主要有液态熔体内的化学短程序和原子无序分布的混乱程度；而晶化过程则与形核、长大密切相关。玻璃形成能力取决于稳态熔体的性质和过冷熔体的稳定性两方面。

2.2.1　稳态 Ti 基非晶合金形成熔体的热力学特征

　　对于处于熔点的稳态合金熔体，各组元间的相互作用和无序结构对金属玻璃的形成起到决定性的作用。纯金属单质组元形成液态金属熔体过程中，混合焓和混合熵是非常重要的两个热力学参量：前者是液态熔体组元间化学亲和力宏观统计上的表征，通常认为混合焓负的绝对值越大，组元间相互作用越强；而后者是熔体中原子无序结构的反映，混合熵越大，则熔体中原子分布越混乱。所以，可以从混合焓与混合熵的角度来考虑稳态熔体的性质。

　　液态合金的弹性焓和结构焓与化学焓相比，数值非常小[9]，因此在考虑液相混合焓时，忽略弹性焓和结构焓，仅考虑各组元间化学相互作用。根据正规熔体模型，混合焓可以表示为[10]

$$\Delta H^{\text{mix}} = \Delta H^{\text{chem}} = \sum_{i=1, i \neq j}^{n} \Omega_{ij} C_i C_j \qquad (2\text{-}1)$$

式中，Ω_{ij}——i 组元与 j 组元间相互作用参数；

　　　　C_i——i 组元原子百分比；

　　　　C_j——j 组元原子百分比。

　　其中，Ω_{ij} 可以用二元合金系中两组元间混合热表示，即 $\Omega_{ij} = 4\Delta H_{AB}^{\text{mix}}$。对于含有一种非过渡金属的合金系，$\Delta H_{AB}^{\text{mix}}$ 校正为 $\Delta H_{AB}^{\text{mix(cal)}} = \Delta H_{AB}^{\text{mix}} - 1/2\Delta H_i^{\text{trans}}$；对于含有两种非过渡金属的合金系，$\Delta H_{AB}^{\text{mix}}$ 校正为 $\Delta H_{AB}^{\text{mix(cal)}} = (\Delta H_i^{\text{trans}} + \Delta H_j^{\text{trans}})/2$。而 H、B、C、N、Si、P 和 Ge 等元素的 $\Delta H_i^{\text{trans}}$ 分别为 100kJ/mol、30kJ/mol、180kJ/mol、310kJ/mol、17kJ/mol、34kJ/mol 和 25kJ/mol。因此，混合焓计算公式为

$$\Delta H^{\text{mix}} = 4 \sum_{i=1, i \neq j}^{n} \Delta H_{AB}^{\text{mix}} C_i C_j \qquad (2\text{-}2)$$

式中，ΔH_{AB}^{mix}——A 组元与 B 组元间混合焓；

　　　　C_i——i 组元原子百分比；

　　　　C_j——j 组元原子百分比。

　　考虑到液态合金体系中，组成元素的原子尺寸不同；对于多元体系，正规熔体近似下，混合熵可以表示为[11]

$$\Delta S^{mix} = -R\sum_{i=1}^{n} C_i \ln \phi_i \qquad (2\text{-}3)$$

式中，R——摩尔气体常量；

　　　　C_i——i 组元原子百分比；

　　　　ϕ_i——i 组元的原子体积分数。

而原子体积分数 ϕ_i 可以表示为[11]

$$\phi_i = \frac{C_i r_i^3}{\sum_{i=1}^{n} C_i r_i^3} \qquad (2\text{-}4)$$

式中，C_i——i 组元原子百分比；

　　　　r_i——i 组元原子半径。

　　应用式（2-2）～式（2-4）可以计算稳态熔体的混合焓与混合熵。现以典型 Ti 基非晶合金为研究对象，混合焓与混合熵计算结果如表 2-4 和图 2-5 所示。

表 2-4　典型 Ti 基非晶合金混合焓、混合熵与临界尺寸数据

合金成分	混合焓（kJ/mol）	混合熵 [J/(mol·K)]	临界尺寸（mm）[参考文献]
$Ti_{50}Cu_{42}Ni_8$	−12.62	7.78	2[12]
$Ti_{50}Zr_5Cu_{40}Ni_5$	−12.71	8.65	2[13]
$Ti_{40}Zr_{10}Cu_{36}Pd_{14}$	−26.39	10.54	6[14]
$Ti_{40}Zr_{10}Cu_{39}Pd_{10}Si_1$	−27.67	10.56	5[15]
$Ti_{40}Zr_{10}Cu_{34}Pd_{16}$	−33.53	10.67	4[14]
$Ti_{40}Zr_{10}Cu_{38}Pd_{10}Si_2$	−29.60	10.84	5[15]
$Ti_{50}Ni_{15}Cu_{25}Sn_5Zr_5$	−19.32	10.87	6[16]
$Ti_{41.5}Zr_{2.5}Hf_5Cu_{37.5}Ni_{7.5}Si_1Sn_5$	−16.61	11.63	6[17]
$Ti_{40}Zr_{25}Be_{18}Cu_9Ni_8$	−28.26	12.54	8[18]
$Ti_{40}Zr_{25}Be_{20}Cu_{12}Ni_3$	−25.88	12.17	14[19]
$Ti_{45}Cu_{25}Ni_{15}Sn_3Be_7Zr_5$	−21.20	12.24	5[20]
$Ti_{42.5}Cu_{40}Zr_{10}Ni_5Sn_{2.5}$	−14.50	10.28	4
$Ti_{42.5}Cu_{40}Zr_{7.5}Ni_5Sn_5$	−14.18	11.18	3
$Ti_{45}Cu_{40}Ni_5Zr_5Sn_5$	−13.44	10.02	2

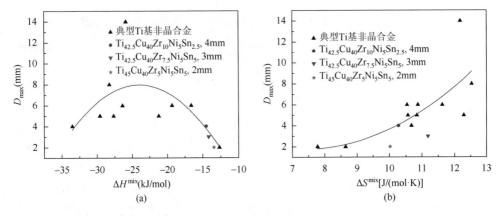

图 2-5　典型 Ti 基非晶合金混合焓、混合熵与临界尺寸的关系

（a）混合焓；（b）混合熵

可以看出：Ti 基非晶合金的玻璃形成能力随着混合熵的增大而呈现增加的趋势；而混合焓为中间值时，Ti 基非晶合金的玻璃形成能力最强。

混合熵越大，表示熔体中的原子分布越混乱，原子扩散越困难，形成新的有序结构所需时间越长，则合金系的玻璃形成能力越强。而混合焓表征了组元原子间相互作用的大小。混合焓负的绝对值越大，原子间化学亲和力越大，相互作用越强，容易形成原子间的化学短程序，虽然可以起到一定的阻碍原子长程扩散的作用，但这些短程序在足够的能量起伏作用下，可能成为晶态相析出的"晶核"，使过冷熔体发生晶化。相反，混合焓负的绝对值较小，原子间的亲和力较小，化学短程序出现的概率降低，此时原子扩散相对容易，过冷熔体可以通过原子长程扩散的方式实现结构重组，从而形成晶态结构。

综上，稳态熔体原子间具有一定的化学亲和力，熔体中形成稳定的化学短程序，有效地阻止原子重新排列；同时，原子分布混乱、扩散系数低、黏度大、结构重组所需时间长。具有上述特点的稳态熔体结构相对稳定，从热力学上分析，其形成非晶合金的可能性大。

2.2.2　过冷 Ti 基非晶合金形成熔体的热力学特征

过冷熔体与晶化相之间 Gibbs 自由能差（ΔG）是过冷熔体晶化的驱动力，同时也是影响形核率及晶化相生长速率的关键参数[21]。通常来说，Gibbs 自由能差越小，晶体形核的驱动力越低，导致合金过冷熔体中形核率降低，过冷熔体的玻璃形成能力增强。液相与晶化相之间 Gibbs 自由能差可以表示为 $\Delta G = \Delta H - T\Delta S$。其中，$\Delta H = \Delta H_m - \int_T^{T_m} \Delta C_p \mathrm{d}T$，$\Delta S = \Delta S_m - \int_T^{T_m} \Delta C_p \dfrac{\mathrm{d}T}{T}$，$T_m$ 为合金熔点，ΔC_p 为液相与晶化相间热容差，ΔH_m 为熔化焓，ΔS_m 为熔化熵，且存在如下关系：$\Delta S_m = \Delta H_m/T_m$。经过整理得

$$\Delta G = \Delta H_m \frac{T_m - T}{T_m} - \int_T^{T_m} \Delta C_p \mathrm{d}T + T\int_T^{T_m} \frac{\Delta C_p}{T}\mathrm{d}T \qquad (2\text{-}5)$$

由式（2-5）可知，如果已知液相与晶化相的热容随温度的变化关系，则可以计算 ΔG 随温度的变化关系。但由于过冷液态处于亚稳状态，通过实验方法测量其热容十分困难。因此许多研究者尝试估算液相与晶化相之间的热容差，进而计算 ΔG。例如：$\Delta G = \Delta H_m\{2T(T_m - T)/[T_m(T + T_m)]\}$（TS 式）[22]，$\Delta G = (\Delta H_m \Delta T/T_m)(1 - \Delta T/2T)$[23]，$\Delta G = \Delta H_m[(T_m - T)/T_m][2T/(T + T_m)]\{1 + (T_m - T)^2/[3(T + T_m)^2]\}$（KN1 式）[23]，$\Delta G = \Delta H_m\{4T^2(T_m - T)/[T_m(T + T_m)^2]\}$（KN2 式）[23]，$\Delta G = \Delta H_m\{\alpha(T - T_m)/[(1 - \alpha)T_m] + T\ln(T_m/T)/[(1 - \alpha)T_m]\}$（$T_0 = \alpha T_m$，$0 < \alpha < 1$，$T_0$ 为等焓温度）[24]等。

Ji 和 Pan[25]考虑到 ΔC_p 随温度的变化关系，提出了如下表达式：

$$\Delta G = \frac{2\Delta H_m \Delta T}{T_m}\left[\frac{T}{T_m + T} - \frac{\Delta T^2 T_m}{3(T_m + T)^3}\right] \qquad (2\text{-}6)$$

通过对不同合金系大块非晶合金实验数据与不同拟合数据的对比，表明式（2-6）拟合误差为 5%左右，能够较好地反映过冷液相与晶化相之间 ΔG 随温度的变化关系，因此本章采用式(2-6)计算典型 Ti 基非晶合金的自由能差 ΔG。$Ti_{45}Cu_{40}Zr_5Ni_5Sn_5$、$Ti_{42.5}Cu_{40}Zr_{7.5}Ni_5Sn_5$、$Ti_{42.5}Cu_{40}Zr_{10}Ni_5Sn_{2.5}$ 和 $Zr_{41.2}Ti_{13.8}Cu_{12.5}Ni_{10}Be_{22.5}$（原子百分比）大块非晶合金形成体系的自由能差曲线如图 2-6 所示。明显地，具有厘米级

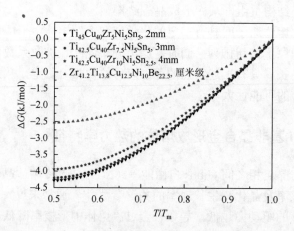

图 2-6　$Ti_{45}Cu_{40}Zr_5Ni_5Sn_5$、$Ti_{42.5}Cu_{40}Zr_{7.5}Ni_5Sn_5$、$Ti_{42.5}Cu_{40}Zr_{10}Ni_5Sn_{2.5}$ 和 $Zr_{41.2}Ti_{13.8}Cu_{12.5}Ni_{10}Be_{22.5}$ 的自由能差曲线[25]

玻璃形成能力的 $Zr_{41.2}Ti_{13.8}Cu_{12.5}Ni_{10}Be_{22.5}$ 非晶合金的 ΔG 绝对值小于其他三种玻璃形成能力较弱的非晶合金体系。可见，玻璃形成能力越强，则 ΔG 越小。

Kauzmann 系统评价了过冷液体的性质，认为过冷液体存在的温度极限是液体与相应晶体的等熵温度 T_k[26]，如图 2-7 所示。

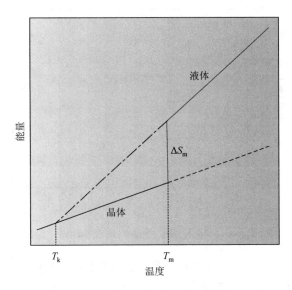

图 2-7　过冷熔体与晶态相熵随温度变化关系

由于液体的热容大于固体，且熔化熵为正值，所以，随温度的降低，过冷熔体与晶态相之间的过剩熵 ΔS 逐渐减小（图 2-7 中液体延长线部分），至 T_k 温度两者熵值相等，甚至会在某一温度下成为负值（Kauzmann 悖论）。

实际上，对于非晶合金，过冷液体都会在 T_k 温度以上发生玻璃化转变，即 $T_g > T_k$。所以实际非晶合金与相应晶化相之间存在过剩熵 $\Delta S > 0$，即动力学因素冻结了部分过冷液相的结构特征。在玻璃化转变温度 T_g 以下，随着温度的升高，由原子重排引起的过剩自由体积的消失会使非晶合金黏度增大，原子运动变得困难，同一能量状态下原子组态数减少，即过剩熵 ΔS 减小；当温度升至玻璃化转变温度 T_g 附近时，ΔS 迅速减小，接近于 0。如果过冷液相的温度可以降低到 T_k 而不发生晶化，则所形成的非晶合金的结构与金属熔体的结构相同，即完全保留了过冷液相的结构特征。

考虑在温度 T_k 时，$\Delta S = 0$，可以推导出 $\Delta C_p = \alpha \Delta H_m/T_m$，其中 $\alpha = [\ln(T_m/T_k)]^{-1}$。因此可以用式（2-7）[25]通过拟合的方法来计算 T_k：

$$\Delta G = \frac{\Delta H_m \Delta T}{T_m}\left[\frac{(1-\alpha)T_m + (1+\alpha)T}{T_m + T}\right] \tag{2-7}$$

　　通过热分析方法，$Ti_{45}Cu_{40}Zr_5Ni_5Sn_5$、$Ti_{42.5}Cu_{40}Zr_{7.5}Ni_5Sn_5$ 和 $Ti_{42.5}Cu_{40}Zr_{10}Ni_5Sn_{2.5}$ 非晶合金试样的熔化焓分别为 13.88kJ/mol、13.63kJ/mol、12.78kJ/mol。计算所用相关 Ti 基非晶合金的 T_m 取自相关文献；采用文献[27]中计算并校正的方法得到熔化焓 ΔH_m。$Ti_{42.5}Cu_{40}Zr_{10}Ni_5Sn_{2.5}$ 非晶合金拟合结果如图 2-8 所示。

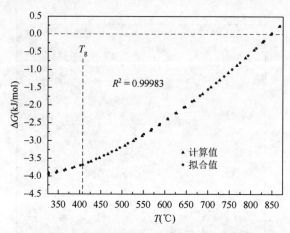

图 2-8　　$Ti_{42.5}Cu_{40}Zr_{10}Ni_5Sn_{2.5}$ 合金自由能差计算及拟合结果

　　对形成非晶合金来说，过冷熔体越稳定，意味着发生晶化的可能性越小，对形成非晶合金越有利。但是如果过冷熔体的自身性质或者外部条件允许温度降低到玻璃化转变温度以下而仍使过冷熔体保持稳定，不发生玻璃化转变，从这个角度理解，这并不利于形成非晶合金。于是，我们有必要考虑过冷熔体存在的理论极限，即 Kauzmann 温度。众所周知，熵是混乱度的表征，因此液态熔体的熵大于晶态相的熵。而在一定压力下，熵随温度的变化率可以表示为

$$\left(\frac{\partial S}{\partial T}\right)_p = \frac{C_p}{T} \tag{2-8}$$

式中，S——熵；

　　　　T——温度；

　　　　C_p——定压热容。

　　液态熔体的热容大于晶态相的热容，所以在相同的温度变化率情况下，过冷熔体的熵变化率大。因此，在过冷过程中，过冷熔体与晶态相的过剩熵逐渐减小，当温度降低到 Kauzmann 温度时，两者熵相等。这个过程并不与热力学第二定律相矛盾，因为温度为 T_k 时，过冷熔体与晶态相的化学势差为[28]

$$\Delta\mu(T_k) = \int_{T_1}^{T_m} \Delta C_p \left(\frac{T_m}{T} - 1\right) \mathrm{d}T \tag{2-9}$$

式中，$\Delta\mu$——化学势差；

　　　　ΔC_p——定压热容差。

显然，T_k 温度时的化学势差为正值，而化学势的意义是单位质量的 Gibbs 自由能，也就是说，熔体温度由熔点降低到 Kauzmann 温度的过程中，系统的能量在降低。但是，从拓扑学角度，微观组态数越多，即系统越混乱，熵值越大；而晶态相的长程周期结构的组态数小于过冷液态长程无序结构的组态数，所以，过冷熔体的熵大于晶态相的熵。因此，Kauzmann 温度可以认为是过冷熔体存在的极限温度。如果过冷熔体可以在温度达到 T_k 时仍然保持稳定，那么为了避免"熵危机"的发生，过冷熔体只能形成一种"理想"的非晶态结构，即 T_k 温度是对玻璃化转变的一个热力学约束温度。

综上，用 T_l 来衡量稳态熔体存在的温度极限，用 T_k 来衡量过冷熔体存在的温度极限，定义参数 $\beta = (T_g - T_k)/(T_l - T_g)$。典型 Ti 基非晶合金的 β 值计算结果如表 2-5 所示，图 2-9 为典型 Ti 基大块非晶合金 β 值与试样临界直径的关系。

表 2-5　典型 Ti 基非晶合金热力学数据

合金成分	临界直径（mm）[参考文献]	T_k（K）	T_g（K）	T_m（K）	T_l（K）	β
$Ti_{50}Ni_{15}Cu_{32}Sn_3$[a]	1[18]	491.89	686	1205	1283	0.325
$Ti_{50}Cu_{42}Ni_8$[a]	2[12]	449.49	657	1114	1168	0.407
$Ti_{45}Cu_{40}Zr_5Ni_5Sn_5$[a]	2	465.84	694	1154	1235	0.422
$Ti_{42.5}Cu_{40}Zr_{7.5}Ni_5Sn_5$[a]	3	463.89	693	1145	1225	0.431
$Ti_{42.5}Cu_{40}Zr_{10}Ni_5Sn_{2.5}$[a]	4	452.27	684	1120	1219	0.433
$Ti_{40}Zr_{10}Cu_{38}Pd_{10}Si_2$	5[15]	450.88	685[a]	1117[b]	1193[b]	0.461
$Ti_{41.5}Zr_{2.5}Hf_5Cu_{37.5}Ni_{7.5}Si_1Sn_5$[b]	6[17]	450.42	693	1116	1176	0.503
$Ti_{40}Zr_{25}Ni_8Cu_9Be_{18}$[a]	8[18]	373.30	621	948	1009	0.639

a. 升温速率 40℃/min；

b. 升温速率 20℃/min。

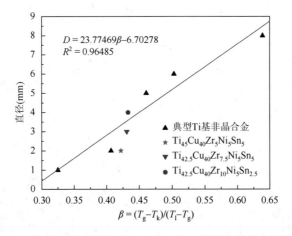

图 2-9　典型 Ti 基大块非晶合金的 β 值与试样临界直径的关系

从图 2-9 中可见，随着 Ti 基非晶合金体系临界直径的增大（玻璃形成能力的增加），非晶合金的 β 值呈现增大的趋势。

一方面，T_l 与 T_g 相差越小，意味着熔体稳定存在的温度与玻璃化转变温度相差越小，稳态熔体只需要较小的过冷度就可以发生玻璃化转变，因此晶化驱动力较小。玻璃形成能力的 δ 判据也认为[29]：从形核理论考虑，T_l 与 T_g 相差越小，晶体形核率 I 和晶体长大速率 U 也就越小，即意味着液态合金越容易形成非晶态。

另一方面，T_g 与 T_k 相差越大，意味着发生玻璃化转变的温度与玻璃化转变"约束"温度相差越大，过冷熔体具有一定的稳定性，可以在较高温度时完成玻璃化转变。同时，玻璃化转变的势能图谱（potential energy landscape，PEL）理论[30]也认为：对于玻璃形成能力较强的"强液体"，其 T_g 与 T_k 温度相差较大。所以 β 值在一定意义上可以用来衡量 Ti 基非晶合金的玻璃形成能力：β 值越大，则 Ti 基非晶合金的玻璃形成能力越强。

2.3　铸态 Ti 基大块非晶合金的基本特征

2.3.1　铸态 Ti 基大块非晶合金的微观组织

前面通过物理冶金的方法，分别得到了临界尺寸为 3mm 和 4mm 的 Ti 基大块非晶合金成分，并从形成热力学的角度，对 Ti 基非晶合金形成体系的热力学特征进行了分析。下面将对 Ti 基大块非晶合金的微观组织进行分析和表征。

图 2-10 为直径为 4mm 的铸态 $Ti_{42.5}Cu_{40}Ni_5Sn_{2.5}Zr_{10}$ 非晶合金样品的背散射图像和各组元的面分布图。从图 2-10 中可以看出，非晶合金的微观组织呈单一无衬度的形貌特征，说明了铸态样品的非晶态本质；而从元素分布图中可见，Ti、Cu、Zr、Ni、Sn 五种组元分布均匀，没有出现成分偏析等晶化相的特征，也说明了在铸态样品中原子的长程无序分布。

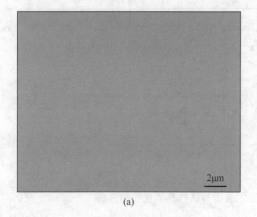

(a)

(b)

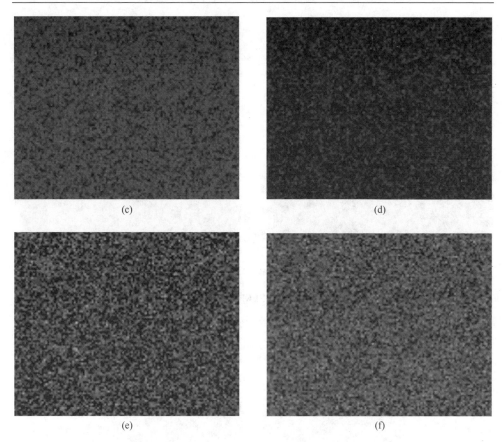

图 2-10   4mm $Ti_{42.5}Cu_{40}Ni_5Sn_{2.5}Zr_{10}$ 大块非晶合金的背散射图像和元素分布图（彩图见封底二维码）

（a）背散射图像；（b）Ti；（c）Cu；（d）Zr；（e）Ni；（f）Sn

图 2-11（a）、（b）分别给出了 3mm 的 $Ti_{42.5}Cu_{40}Ni_5Sn_5Zr_{7.5}$ 和 4mm 的 $Ti_{42.5}Cu_{40}Ni_5Sn_{2.5}Zr_{10}$ 成分铸态试样的 SEM 明场像及相应的选区电子衍射花样。其结构表明：两种非晶合金样品的微观组织均呈现无明显衬度差别的非晶态组织特征；选区电子衍射所给出的漫散射环也证明了合金的非晶态结构，与样品的 X 射线衍射分析结果一致。

2.3.2   铸态 Ti 基大块非晶合金的力学性能

与传统的晶态材料不同，由于不存在晶界、位错等结构缺陷，大块非晶合金具有高硬度、高强度和低弹性模量等优异的力学性能。

以具有 3mm、4mm 铜模铸造玻璃形成能力的 $Ti_{42.5}Cu_{40}Ni_5Sn_5Zr_{7.5}$ 和 $Ti_{42.5}Cu_{40}Ni_5Sn_{2.5}Zr_{10}$ 成分试样为研究对象，对其室温下力学性能进行研究。

图 2-11　非晶合金试样的 SEM 明场像及选区电子衍射图

（a）$Ti_{42.5}Cu_{40}Ni_5Sn_5Zr_{7.5}$；（b）$Ti_{42.5}Cu_{40}Ni_5Sn_{2.5}Zr_{10}$

图 2-12 为不同载荷（50g、100g、200g、300g、500g）下 3mm $Ti_{42.5}Cu_{40}Ni_5Sn_5Zr_{7.5}$

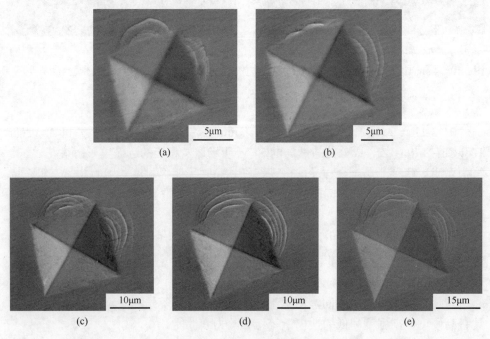

图 2-12　$Ti_{42.5}Cu_{40}Ni_5Sn_5Zr_{7.5}$ 3mm 试样显微维氏硬度压痕 SEM 形貌

（a）50g；（b）100g；（c）200g；（d）300g；（e）500g

（原子百分比）试样的显微维氏硬度压痕 SEM 形貌，4mm $Ti_{42.5}Cu_{40}Ni_5Sn_{2.5}Zr_{10}$ 试样的压痕形貌与其相似。在压痕周围可以明显观察到剪切带的存在，随载荷增大，剪切带呈不断增加的趋势，这说明 Ti 基大块非晶合金在微观尺度上具有一定的塑性变形能力。

对图 2-12 中压痕对角线的长度（d_1, d_2）进行测量，多个压痕取其平均值，计算得到试样的维氏硬度值，如图 2-13 所示。可见，两种试样的显微维氏硬度值均呈现一定的载荷敏感性，即加载载荷越小，则其硬度值越高。例如，3mm 试样在 50g 载荷下其硬度值高达 6.9GPa，而当载荷增加到 500g 时，其硬度值则降低到了 6.22GPa。

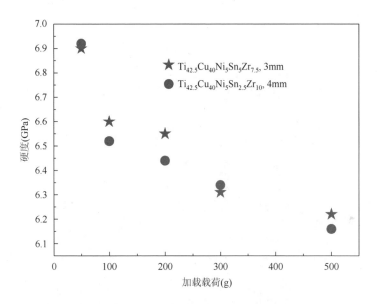

图 2-13　Ti 基大块非晶合金加载载荷-维氏硬度关系曲线

下面对 $Ti_{42.5}Cu_{40}Ni_5Sn_5Zr_{7.5}$ 非晶合金试样的室温准静载条件下的压缩力学行为进行研究。图 2-14 为该合金压缩实验的应力-应变曲线，试样尺寸 $\phi 2mm \times 4mm$，可以看出：试样在经历了一定的弹性变形后呈现明显的脆性断裂特征，无宏观塑性变形；在 $4 \times 10^{-4} s^{-1}$ 的应变速率下，试样的压缩断裂强度为 2.1GPa。

图 2-15 为 Ti 基非晶合金压缩断口形貌照片，在试样的断裂表面可以观察到河流状的断裂特征及熔滴状颗粒物质。

分析认为，非晶合金的塑性变形局域在剪切带当中，整个断裂过程伴随着剪切带的形核和扩展；变形过程中产生的温度升高被认为是熔滴状物质产生的可能原因。

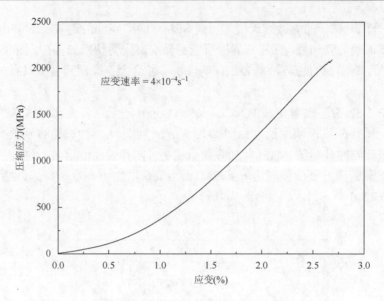

图 2-14　Ti$_{42.5}$Cu$_{40}$Ni$_5$Sn$_5$Zr$_{7.5}$ 非晶合金室温压缩应力-应变曲线

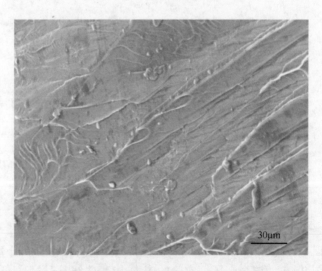

图 2-15　Ti 基非晶合金的压缩断口形貌

　　本章通过物理冶金的方法，得到了具有 4mm 玻璃形成能力的 Ti$_{42.5}$Cu$_{40}$Ni$_5$Sn$_{2.5}$Zr$_{10}$（原子百分比）非晶合金成分，该成分不含有有毒元素和贵金属元素；并介绍了 Ti 基非晶合金形成熔体的热力学特征及所获得的 Ti 基非晶的力学行为，主要结论如下。

　　（1）从 Ti-Cu 二元合金体系出发，采用元素替换的方法，得到了临界尺寸为 4mm 的 Ti$_{42.5}$Cu$_{40}$Ni$_5$Sn$_{2.5}$Zr$_{10}$ 大块非晶合金，其主要热力学参数为：$T_g = 411$℃，$T_x = 441$℃，$T_{p1} = 458$℃，$T_{p2} = 620$℃。

（2）当稳态 Ti 基非晶合金形成熔体的混合熵越大，且其混合焓为某一最佳中间值时，Ti 基合金的玻璃形成能力最强。

（3）过冷 Ti 基非晶合金形成熔体与相应晶化产物的自由能差越小，则 Ti 基合金的玻璃形成能力越强。并定义参数 $\beta = (T_g - T_k)/(T_1 - T_g)$，对于 Ti 基非晶合金，$\beta$ 值越大，玻璃形成能力越强。

（4）所制备 Ti 基大块非晶合金的显微维氏硬度呈现压头敏感性：压力越大，硬度值越低；样品在室温准静载压缩实验中表现出弹性变形后即发生脆性断裂的特征，压缩断裂强度为 2.1GPa。

参 考 文 献

[1]　Li Y，Ng S C，Ong C K，et al. Glass forming ability of bulk glass forming alloys. Scripta Materialia，1997，36（7）：783-787.

[2]　Lu Z P，Tan H，Li Y，et al. The correlation between reduced glass transition temperature and glass forming ability of bulk metallic glasses. Scripta Materialia，2000，42（7）：667-673.

[3]　Lin X H，Johnson W L. Formation of Ti-Zr-Cu-Ni bulk metallic glasses. Journal of Applied Physics，1995，78（11）：6514-6519.

[4]　Lu Z P，Li Y，Ng S C. Reduced glass transition temperature and glass forming ability of bulk glass forming alloys. Journal of Non-Crystalline Solids，2000，270（1-3）：103-114.

[5]　Busch R，Kim Y J，Johnson W L. Thermodynamics and kinetics of the undercooled liquid and the glass transition of the $Zr_{41.2}Ti_{13.8}Cu_{12.5}Ni_{10}Be_{22.5}$ alloy. Journal of Applied Physics，1995，77（8）：4039-4043.

[6]　Hng H H，Li Y，Ng S C，et al. Critical cooling rates for glass formation in Zr-Al-Cu-Ni alloys. Journal of Non-Crystalline Solids，1996，208（1-2）：127-138.

[7]　Lu Z P，Goh T T，Li Y，et al. Glass formation in La-based La-Al-Ni-Cu-(Co) alloys by bridgman solidification and their glass forming ability. Acta Materialia，1999，47（7）：2215-2224.

[8]　Sheng W B. Correlations between critical section thickness and glass-forming ability criteria of Ti-based bulk amorphous alloys. Journal of Non-Crystalline Solids，2005，351（37-39）：3081-3086.

[9]　Murty B S，Ranganathan S，Rao M M. Solid state amorphization in binary Ti-Ni，Ti-Cu and ternary Ti-Ni-Cu system by mechanical alloying. Materials Science and Engineering A，1992，149（2）：231-240.

[10]　Xia M X，Zhang S G，Li J G. Thermal stability and its prediction of bulk metallic glass systems. Applied Physics Letters，2006，88（26）：261913.

[11]　Jiang Q，Chi B Q，Li J C. A valence electron concentration criterion for glass-formation ability of metallic liquids. Applied Physics Letters，2003，82（18）：2984-2986.

[12]　Wu X F，Suo Z Y，Si Y，et al. Bulk metallic glass formation in a ternary Ti-Cu-Ni alloy system. Journal of Alloys and Compounds，2008，452（2）：268-272.

[13]　Men H，Pang S J，Inoue A，et al. New Ti-based bulk metallic glasses with significant plasticity. Materials Transactions JIM，2005，46（10）：2218-2220.

[14]　Zhu S L，Wang X M，Qin F X，et al. A new Ti-based bulk glassy alloy with potential for biomedical application. Materials Science and Engineering A，2007，459（1-2）：233-237.

[15]　Zhu S L，Wang X M，Qin F X，et al. Glass-forming ability and thermal stability of Ti-Zr-Cu-Pd-Si bulk glassy

alloys for biomedical applications. Materials Transactions JIM，2007，48（2）：163-166.

[16] Zhang T，Inoue A. Thermal and mechanical properties of Ti-Ni-Cu-Sn amorphous alloys with a wide supercooled liquid region before crystallization. Materials Transactions JIM，1998，39（10）：1001-1006.

[17] Huang Y J，Shen J，Sun J F，et al. A new Ti-Zr-Hf-Cu-Ni-Si-Sn bulk amorphous alloy with high glass-formation ability. Journal of Alloys and Compounds，2007，427（1-2）：171-175.

[18] Kim Y C，Kim W T，Kim D H. A development of Ti-based bulk metallic glass. Materials Science and Engineering A，2004，375-377：127-135.

[19] Guo F Q，Wang H J，Poon S J，et al. Ductile titanium-based glassy alloy ingots. Applied Physics Letters，2005，86：091907.

[20] Kim Y C，Bae D H，Kim W T，et al. Glass forming ability and crystallization behavior of Ti-based alloys with high specific strength. Journal of Non-Crystalline Solids，2003，325（1-3）：242-250.

[21] Fecht H J，Johnson W L. Thermodynamic properties and metastability of bulk metallic glasses. Materials Science and Engineering A，2004，375-377：2-8.

[22] Thompson C V，Spaepen F. On the approximation of the free energy change on crystallization. Acta Materialia，1979，27（12）：1855-1859.

[23] Lad K N，Raval K G，Pratap A. Estimation of Gibbs free energy difference in bulk metallic glass formation alloys. Journal of Non-Crystalline Solids，2004，334-335：259-262.

[24] Cai A H，Chen H，Li X S，et al. An expression for the calculation of Gibbs free energy difference of multi-component bulk metallic glasses. Journal of Alloys and Compounds，2007，430（1-2）：232-236.

[25] Ji X L，Pan Y. Gibbs free energy difference in metallic glass forming liquids. Journal of Non-Crystalline Solids，2007，353（24-25）：2443-2446.

[26] Kauzmann W. The nature of the glassy state and the behavior of liquids at low temperatures. Chemical Reviews，1948，43（2）：219-256.

[27] Cai A H，Chen H，An W K，et al. Melting enthalpy ΔH_m for describing glass forming ability of bulk metallic glasses. Journal of Non-Crystalline Solids，2008，354（15-16）：1808-1816.

[28] Debenedetti P G，Stillinger F H. Supercooled liquids and the glass transition. Nature，2001，410（6825）：259-267.

[29] Herlach D M. Non-equilibrium solidification of undercooled metallic melts. Materials Science and Engineering R，1994，12：177-272.

[30] Hu L N，Bian X F，Wang W M，et al. Thermodynamics and dynamics of metallic glass formers：their correlation for the investigation on potential energy landscape. Journal of Physical Chemistry B，2005，109（28）：13737-13742.

第3章 典型 Ti 基非晶合金粉末性能特点

快速凝固技术是凝固工艺中较活跃的研究领域之一，而雾化技术是应用较广泛的快速凝固技术之一。其工艺通常是采用某种措施将熔体分离雾化，通过对流的方式实现熔体的快速凝固。气体雾化方法目前已经被广泛应用于生产制备金属合金粉末领域。在气雾化过程中，过热的合金熔体被雾化介质分离破碎，并与高压雾化介质之间迅速完成热传导过程，使得熔体可以达到很快的冷却速度[1, 2]。

采用气体雾化的方法可以制备非晶合金粉末[3, 4]，所制备的金属非晶/晶态粉末由动力学因素（冷却速度）所决定。在此过程中，冷却速度除了可以决定粉末是否是非晶态，还对所制备粉末的微观组织及性能有着重要的影响。但到目前为止，对此领域的研究相对较少。

此外，非晶合金被认为是典型的脆性材料，也因此制约了其进一步的应用。为了理解非晶合金的微观变形机制，从而提高其塑性，很多研究者做了大量的相关工作：在非晶基体中引入微米级韧性枝晶相，可以阻碍单一剪切带的扩展和增殖，从而达到提高塑性的目的[5]。同时，有实验结果表明：在非晶基体中析出的纳米晶态相可以导致非晶合金的脆化[6, 7]。可见，晶体相会对非晶合金的塑性变形行为产生显著影响。同时，非晶合金中的自由体积也会对其变形过程有着重要的影响：在对不同尺寸、相同成分的非晶合金的压缩实验中，小尺寸非晶合金中含有较多的自由体积，导致其具有较大的塑性应变[8]。基于以上分析，通过改变制备工艺，合理优化非晶合金中的晶态相与自由体积数量，可以使非晶合金具有最佳的塑性变形能力[9]。

本章针对采用 Ar 气雾化方法批量制备的 Ti 基合金粉末，主要介绍粉末的性能特点；分析由不同粉末粒径决定的不同冷却速度对合金粉末的相组成及微观组织的影响规律；为了深入理解非晶合金及其复合材料的微观变形行为，介绍纳米压痕下不同粒径粉末的微观变形行为，并对微观变形机制进行分析。

3.1 典型 Ti 基非晶合金粉末快速凝固特征

由于 Ti 元素具有较高的化学活性，且非晶合金粉末的形成需要较高的冷却速度，所以 Ti 基非晶合金粉末的制备具有一定的难度。

3.1.1 凝固形貌及粒度

从 Ti 基非晶合金的实际应用出发，主要考虑脱离实验室的高纯原料 + 高真空气体保护的制备条件，采用工业纯原料 + 工业气体雾化法批量制备 Ti 基合金粉末。所采用原料为海绵钛、原子能级海绵锆、镍板、铜板和 Ti-Sn 中间合金。氩气雾化主要工艺参数为：过热度约 100℃，真空度 5Pa，雾化压力 20MPa，粉末总质量 5kg，采用氧化铝坩埚。表 3-1 为气雾化 Ti 基非晶合金粉末的化学成分分析结果，实际粉末的化学成分与理论值差别不大。图 3-1 为气雾化 Ti 基非晶合金粉末的外观形貌照片。

表 3-1 气雾化 Ti 基非晶合金粉末的化学成分分析结果 （单位：%）

元素	理论含量（质量分数）	实际含量（质量分数）
Ti	33.0997	33.27
Cu	41.3456	40.41
Zr	11.1284	10.52
Ni	4.7733	5.06
Sn	9.6531	10.74

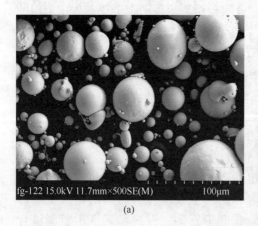 

图 3-1 气雾化 Ti 基非晶合金粉末的外观形貌照片

（a）低倍数；（b）高倍数

可见，由于凝固过程中表面张力的作用，大部分粉末呈规则球形；由于熔滴之间相互碰撞，许多大颗粒上依附有小的卫星颗粒；由于凝固收缩作用，粉末颗粒表面呈现凹凸不平的形貌。

气雾化 Ti 基非晶合金粉末的颗粒尺寸分布曲线如图 3-2 所示。粉末粒径均在

150μm 以下，粉末区间质量近似呈正态分布；累积质量分布曲线近似呈线性关系，以累积质量分数为 50%所对应的粉末尺寸表示粉末的平均颗粒尺寸（D_{50}），其值约为 55μm。由于机械筛分时小粒径粉末容易团聚，不易筛下，所以推测实际累积分布曲线应略向下移，实际平均颗粒尺寸应小于 55μm。用累积粒度分布数达到质量分数 97%时所对应的粒径表示粉末粗端的粒度指标（D_{97}），其值约为 130μm，粒径大于 130μm 的粉末数量很少，质量分数不足 5%。

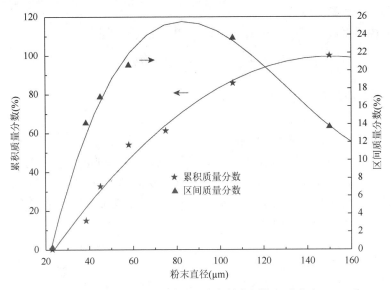

图 3-2　气雾化 Ti 基非晶合金粉末颗粒尺寸分布

3.1.2　冷却速度

在气雾化过程中，熔滴尺寸很小，因此其内部温度可以看作是均匀的；冷却介质环境可看作无限大空间，其温度变化可以忽略。考虑传热方式主要为熔滴与冷却介质之间的界面传热，热量传递方式符合牛顿传热规律，即熔滴释放热量等于熔滴表面传给冷却介质的热量。以球形熔滴为研究对象，则热传递方程可描述为

$$V\rho_{p}C_{p}\frac{\mathrm{d}T_{p}}{\mathrm{d}t}=hA(T_{p}-T_{c}) \tag{3-1}$$

式中，V——熔滴体积；

　　　ρ_{p}——熔滴密度；

　　　C_{p}——熔滴定压比热容；

　　　h——界面传热系数；

　　　A——熔滴表面积；

　　　T_{p}——熔滴温度；

　　T_c——冷却介质温度。

　　熔滴密度取同成分铸态棒状试样密度，即 6.41g/cm^3；C_p 取 Ti$_{50}$Cu$_{25}$Ni$_{20}$Sn$_5$（原子百分比）带材的 670.224J/(kg·K)[10]；考虑过热度 100K，T_p = 1290K，T_c = 300K。根据式（3-1），粉末颗粒的平均冷却速度可以表示为

$$T_{\text{cooling}} = \frac{\mathrm{d}T_p}{\mathrm{d}t} = \frac{6h}{C_p \rho_p d_p}(T_p - T_c) \tag{3-2}$$

式中，d_p——熔滴直径。

　　界面传热系数 h 可以通过 Ranz-Marshall 关系表示为[11]

$$h = \frac{\lambda_g}{d_p}(2.0 + 0.6\sqrt{Re}\sqrt[3]{Pr}) \tag{3-3}$$

式中，λ_g——冷却介质热导率；

　　　　Re——熔滴 Reynolds 数；

　　　　Pr——冷却介质 Prandtl 数。

　　其中，$Re = (U \cdot \rho_g \cdot d_p)/\mu_g$，$U$ 为冷却介质相对于熔滴的流速，ρ_g 为冷却介质密度，μ_g 为冷却介质的动力学黏度[12]。$Pr = (C_g \cdot \mu_g)/\lambda_g$，$C_g$ 为冷却介质的定压热容[13]。Ti 基非晶合金粉末采用氩气雾化，氩气的物理性质参数如下：λ_g = 0.01795W/(m·K)（25℃时）；ρ_g = 1.654kg/m^3［1atm（1atm = 1.01325×10^{5}Pa），21.1℃时］；μ_g = 224.42×10^{-7}Pa·s；C_g = 520.326J/(kg·K)。

　　由式（3-3）和 Reynolds 数，表达式可知，当冷却介质相对于熔滴的流速 U 不同时，气雾化粉末的冷却速度也不同，图 3-3 为 U 分别取 1m/s、10m/s、50m/s、

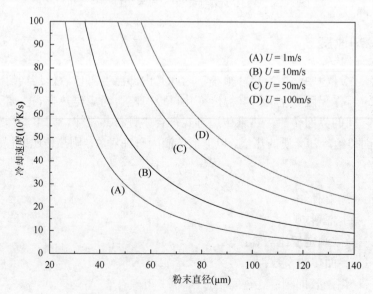

图 3-3　粉末冷却速度随颗粒尺寸的变化关系

100m/s 时，粉末冷却速度随粒径变化的关系。可见，相对流速越大，冷却速度越快；粉末颗粒越小，冷却速度越快；气雾化 Ti 基合金粉末的平均冷却速度在 $10^3 \sim 10^5$K/s。

3.2　冷却速度对典型 Ti 基非晶合金粉末凝固组织与性能的影响

在气雾化过程中，不同尺寸的粉末颗粒是典型的对冷却速度敏感的材料。粉末粒度越小，则对应的冷却速度越快。不同的冷却速度对粉末的微观组织和力学性能有重要的影响作用。

3.2.1　凝固组织及相结构

为了研究采用 Ar 气雾化方法制备的 Ti 基金属粉末的凝固组织和相结构，本节选择了 3 种典型粒度的粉末，即 0~38μm、58~75μm 及 106~150μm。图 3-4 为三种粒度粉末的 X 射线衍射曲线，可见：0~38μm 粉末的 X 射线衍射曲线呈宽化的漫散射峰，另有少量微弱的衍射峰说明这个粒度范围内，粉末大部分为非晶态。对于 58~75μm 的粉末，已经可以观察到明显尖锐的衍射峰，同时还可以观察到一个较弱的漫散射峰。这说明在这个粒度范围内，由于冷却速度的降低，粉末的相结构已经从非晶态转变为非晶和晶态相共存。另外，这些晶态相可以被确定

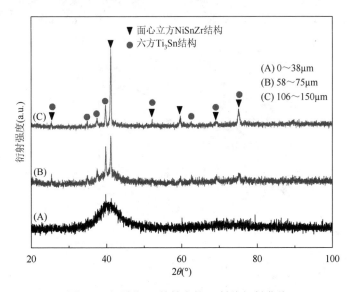

图 3-4　气雾化 Ti 基粉末的 X 射线衍射曲线

为面心立方（face-centered cubic，FCC）的 NiSnZr 结构相（PDF[①]号：23-1281）和六方的 Ti₃Sn 结构相（PDF 号：06-0583）。在大尺寸粉末（106~150μm）中，晶态相衍射峰的位置（结构）与 58~75μm 的粉末中的相同，只是衍射峰的强度明显增强，另外，非晶态漫散射峰的特征也几乎消失不见，说明在大尺寸粉末中，相组成以晶态相为主。

　　众所周知，在形成非晶态的过程中，足够快的冷却速度可以抑制晶态相的析出。随着粉末粒度的增大，冷却速度降低，晶态相析出的可能性也随之增加，所以导致三种粒度粉末的相组成也不同，表现为从大部分的非晶态逐步转变为非晶态与晶态的复合结构。最后，当粒度增大到一定的程度，非晶相几乎消失，如图 3-4 所示。

　　图 3-5 为上述三种粒度粉末的 SEM 背散射电子照片。在 0~38μm 粉末中，没有明显的衬度变化，说明粉末具有非晶态特征，见图 3-5（a）。在 58~75μm 粉末中，可以观察到明显的衬度变化：一种较亮的颗粒状相（major phase），一种较亮的网络状相（minor phase），还有衬度较暗的基体相，见图 3-5（b）。在大尺寸颗

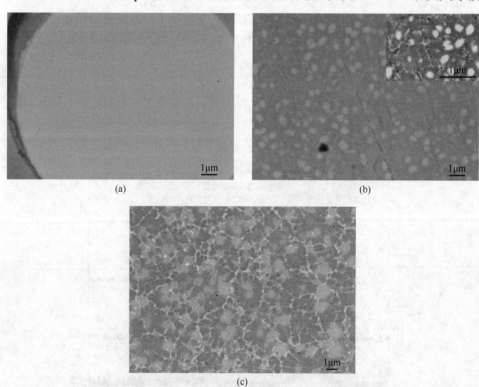

图 3-5　气雾化粉末的 SEM 背散射电子照片

（a）0~38μm；（b）58~75μm；（c）106~150μm

---

① X 射线衍射标准卡片。

粒中，可以观察到与 58～75μm 粉末中相同的形貌组织，只是衬度较亮的两相的体积分数变得更多，而基体相体积分数相对减少，见图 3-5（c）。

能谱结果表明：较亮的颗粒状相为富 Sn 相，其平均成分为 $Ti_{42}Cu_{33}Zr_{10}Ni_4Sn_{11}$（原子百分比）；衬度较暗的基体相为富 Cu 相，其平均成分为 $Ti_{41}Cu_{44}Zr_7Ni_6Sn_2$（原子百分比）。为了确定三种粉末中晶态相的相对多少，本节比较了三种粉末的晶化放热焓与相同成分的非晶合金薄带（具有更高的冷却速度）的晶化放热焓，如式（3-4）所示[14]：

$$W = (\Delta H_T - \Delta H_P)/\Delta H_T \tag{3-4}$$

式中，W——晶态相质量分数；

　　　ΔH_T——完全非晶样品的晶化放热焓；

　　　ΔH_P——部分非晶样品的晶化放热焓。

根据差示扫描量热法（图 3-6）和 SEM 测试结果，尽管 Ti 基粉末在加热过程中呈现两个放热峰，但只有第一个放热峰对应于非晶相的晶化过程。基于此，用于计算的晶化放热焓只取第一个放热峰，即 $\Delta H_T = 32.7\text{J/g}$（非晶带材），$\Delta H_P = 31.9\text{J/g}$、$21.3\text{J/g}$ 和 6.0J/g（三种粒度粉末）。三种粒度粉末中晶态相质量分数参见表 3-2。

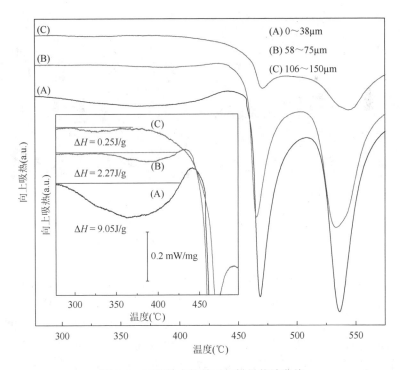

图 3-6　三种粉末的差示扫描量热法曲线

表 3-2　Ti 基金属合金粉末的特征参数值

D（μm）	W（%）	P（nm）	H（GPa）	E_r（GPa）	ΔH（J/g）	ΔH^*（J/g）
0～38	约 2	—	7.74±0.16	94±2.67	9.05	9.23
58～75	约 35	约 350	7.78±0.35	98±4.89	2.27	3.49
106～150	约 81	约 1000	7.71±0.90	102.6±12.55	0.25	1.32

注：D 表示粉末粒度；W 表示晶态相质量分数；P 表示主要晶态相尺寸（基于 SEM 图像分析）；H 表示硬度值；E_r 表示约化模量值；ΔH 表示自由体积弛豫热焓值；ΔH^* 表示经晶态相质量分数修整的自由体积弛豫热焓值。

　　从表 3-2 中可以看出：在 0～38μm 粉末中，约有 2% 的晶态相，我们将在下文给出这些晶态相只存在于少量的特殊粉末当中的实验证据，而绝大部分小尺寸粉末可以认为是完全的非晶态。随着粉末粒度的增大，晶态相质量分数增加，进一步证实了 SEM 的结果。

　　此外，值得注意的是，网络状晶态相尺寸增加不明显；而颗粒状晶态相的尺寸由 350nm 增大到 1000nm 左右，见表 3-2。

　　为了进一步确定晶态相的结构，采用电子背散射衍射和 SEM 方法对样品进行了分析，如图 3-7 所示。

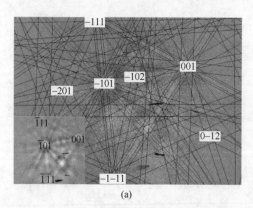 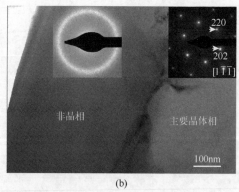

(a)　　　　　　　　　　　　　　　　　(b)

图 3-7　大尺寸粉末中晶体相微观组织结构
（a）电子背散射衍射曲线及标定结果；（b）SEM 明场像及选区电子衍射图

　　图 3-7（a）中的背散射电子图案从 106～150μm 粉末中较亮的颗粒状相中得到。通过计算标定 [中位数绝对偏差（mean angular deviation，MAD）值为 0.37]，该相被确定为 FCC 的 NiSnZr 结构相。而从富 Cu 的基体相中得不到衍射图谱，因此可以确定其为残余非晶基体。另外，较亮的网络状相则被确定为 Ti₃Sn 结构相；以上结果与 X 射线衍射结果相同。图 3-7（b）为 106～150μm 粉末的 SEM 明场像及选区电子衍射图，从选区电子衍射图中可以看出非晶相与晶态相共存的组织

特征。此外，该晶态相可以被标定为 FCC 的 NiSnZr 结构相，进一步证实了 X 射线衍射和电子背散射衍射的结果。

3.2.2　微观塑性变形行为

以上介绍了冷却速度对 Ti 基金属粉末微观组织的影响，为了进一步研究粉末的力学性能，采用纳米压痕的方法，在恒加载速度的条件下，测试了粉末的变形特征，如图 3-8 所示。

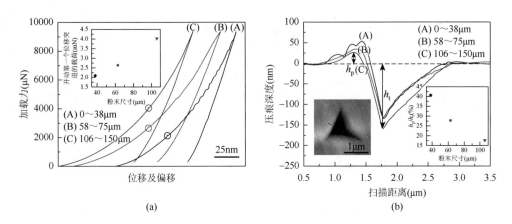

图 3-8　三种粉末纳米压痕测试结果

（a）载荷-位移曲线及开动第一个位移突进的载荷；（b）压痕的原子力显微镜照片及压痕侧剖面形貌

三种不同粒度粉末的载荷-位移曲线如图 3-8（a）所示。从加载曲线上可以明显看出：最小粒度的粉末在加载过程中表现出多个位移突进（popin）特征；随着粉末粒度的增加，位移突进特征急剧减少。在非晶合金的变形过程中，每一个位移突进现象对应于一个单独剪切带的开动。以上结果说明在变形过程中，最小尺寸的粉末中所开动的剪切带数目多。此外，随着粉末粒度的减小，对应于第一个剪切带开动的临界载荷呈逐渐减小的趋势。这说明了在小尺寸粉末中，剪切带的萌生与开动相对比较容易，即小尺寸粉末更容易发生从弹性变形到塑性变形的转变。

在获得载荷-位移曲线的同时，可以得到三种粉末的硬度值及约化弹性模量值，如表 3-2 所示。可见，三种粉末的硬度值基本相近。但是，随着粒度的增加，模量值呈增加的趋势，这主要是由于晶态相的质量分数增加，而晶态相较非晶相的模量值高[15]。

图 3-8（b）为压痕的原子力显微镜（atomic force microscope，AFM）照片，

可见，在压痕周围，Ti 基金属粉末表现出明显的塑性堆起（pile-up）特征。另外，从侧剖面曲线可以看出，不同粒度粉末的堆起程度并不相同。为了研究非晶/晶态复合粉末的塑性变形能力，我们引入塑性堆起高度（h_p）与压痕总深度（h_t）之比，如图 3-8（b）所示。对于 106～150μm 及 58～75μm 的粉末，塑性堆起的高度分别为总压痕深度的 17% 和 27%。而在 0～38μm 的粉末中，塑性堆起量却达到了总深度的 41%。以上结果说明，小尺寸的粉末（完全的非晶态）在纳米压痕测试中，表现出了最优异的塑性变形能力。同时，也说明了由冷却速度造成的不同粉末的微观组织结构对变形行为起着重要的影响作用。

3.3　凝固组织演变与微观塑性变形机理

以上系统介绍了 Ti 基合金粉末在凝固过程中的微观组织演变及在纳米压痕测试中表现的塑性变形行为。下面从凝固理论和非晶合金塑性变形理论两方面对上述实验结果进行分析。

3.3.1　凝固组织演变规律

如前所述，冷却过程中，Ti 基过冷液体的晶化过程可以描述为：非晶→非晶′ + FCC-NiSnZr + 密排六方-Ti_3Sn。其中，非晶′表示从非晶基体中析出晶态相后，残余的与原非晶名义成分不同的非晶相。

众所周知，过冷液体的晶化过程是一个形核与长大的过程。对晶化组织的研究等同于理解晶化过程中的动力学与热力学因素。

从热力学上讲，在过冷液体中，各种组成原子之间的相互作用对过冷液体的性质起到重要的作用。混合焓（ΔH）是过冷熔体组元间化学结合力宏观统计上的表征，通常认为混合焓负的绝对值越大，组元间相互作用越强。本合金体系中，Ti、Zr、Cu、Ni、Sn 五种组成原子的特征参数如表 3-3 所示[16]。

表 3-3　Ti、Zr、Cu、Ni、Sn 原子的特征参数

原子	Ti (A.R. 1.46Å)	Zr (A.R. 1.60Å)	Cu (A.R. 1.25Å)	Ni (A.R. 1.28Å)	Sn (A.R. 1.58Å)
Ti (A.N. 22)	—				
Zr (A.N. 40)	ΔH: 0				
Cu (A.N. 29)	ΔH: −9	ΔH: −23	—		

原子	Ti （A.R. 1.46Å）	Zr （A.R. 1.60Å）	Cu （A.R. 1.25Å）	Ni （A.R. 1.28Å）	Sn （A.R. 1.58Å）
Ni （A.N. 28）	ΔH: -35	ΔH: -49	ΔH: $+4$	—	
Sn （A.N. 50）	ΔH: -21	ΔH: -43	ΔH: $+7$	ΔH: -4	

注：A.N.表示原子序数；A.R.表示原子半径；ΔH 表示混合热（kJ/mol）。

从表 3-3 中可见，Sn 原子与主要组元 Cu 原子之间为 +7kJ/mol 的混合热，说明 Sn 与 Cu 之间存在一定的排斥作用。此外，最大的负混合热出现在 Zr-Ni 和 Zr-Sn 原子之间，说明 Zr、Ni、Sn 原子间的化学结合力相对较强。

从动力学上讲，晶体的形核与长大需要原子的长程扩散。因此，过冷液体中不同原子的扩散系数（迁移能力）对晶化过程有着重要的影响。原子在液态合金熔体中的迁移速率要远远大于在固态相变中的迁移速率[17]。在 Zr-Cu 二元体系的过冷熔体中，液态的扩散系数要比固态中高几个数量级，液态中约为 $10^{-9}\text{m}^2/\text{s}$，而固态中仅为 $10^{-13}\text{m}^2/\text{s}$[18]。鉴于此，冷却过程中晶化可以被看作是热力学主导的过程，因为动力学方面的高扩散系数可以允许原子的长程迁移。

基于以上分析，在 Ti 基非晶合金形成熔体的冷却过程中，存在如下现象：①Sn 原子与主要组元 Cu 原子的相互排斥作用；②Ti、Zr、Ni、Cu 均为过渡金属，而 Sn 为非过渡金属；③在过冷液体中，原子快速的迁移速率，易于形成 Sn 原子的富集区。因为 Zr-Ni 和 Zr-Sn 相对较强的原子相互作用，所以 Sn 原子的富集有利于 NiSnZr 相和 Ti$_3$Sn 的析出（图 3-5）。在此过程中，最大的负混合热出现在 Zr-Ni 和 Zr-Sn 原子之间；因此，NiSnZr 相的形成有利于整个液态体系能量的降低。同时，雾化快速凝固过程中，粉末粒度的增加意味着冷却速度的降低（凝固时间的增加）。综上，与 58~75μm 的粉末相比，在 106~150μm 的粉末中，NiSnZr 相（主要晶态相）的尺寸明显增加（表 3-2）。此外，各种原子快速的迁移速率导致了晶态相与残余非晶基体明显的成分差异。

3.3.2　微观塑性变形机理

对非晶合金而言，其塑性变形是通过高度局域的剪切变形来实现的。虽然在剪切带内塑性变形非常大，但由于在断裂前剪切带数量有限，因而非晶合金材料的断裂表现出宏观上的脆性断裂。

如上所述，在变形过程中，剪切带的形核与扩展对于理解非晶合金的塑性变形行为有着重要的作用。从微观角度来说，剪切带的形成是从少量物质的局域剪切区域（剪切变形区）开始的。剪切带的进一步开动与扩展将从这一区域开始。对于剪切带的形核，通常认为，材料中低强度、低剪切模量的"弱区"越多，剪切带的形核越容易[19]，而形成非晶合金过程中所"冻结"的过剩自由体积可以被认为是预存的"弱区"[8]。Ti 基非晶/晶态复合粉末中，预存的自由体积可以作为剪切带形核的初始位置。因此，三种粉末中预存自由体积的多少对于其塑性变形行为有着重要的影响。为了判断自由体积的多少，注意到非晶合金在加热过程中，自由体积的变化与结构弛豫过程中释放出的热量成正比[8]：$(\Delta H)_{fv} \propto \Delta v_f$，式中，$(\Delta H)_{fv}$ 为结构弛豫过程中的焓变；Δv_f 为单位原子体积内自由体积的变化。三种粉末的差示扫描量热法曲线如图 3-6 所示，可以看出：0～38μm 的粉末在结构弛豫过程中放出大量的热（表 3-2）。考虑到粉末为非晶与晶态的复合组织特征，应用三种粉末中晶态相质量分数修整后的焓变值同时在表 3-2 中给出。同样地，最小尺寸粉末非晶相中存在大量的自由体积，导致变形过程中更多剪切带的开动［更多的位移突进现象，图 3-8（a）］。同时，大量的自由体积增加了剪切带形核的可能，即对应于第一个剪切带开动的临界载荷随粒度的增加而呈逐渐增加的趋势［图 3-8（a）］。

如上所述，在小尺寸粉末中，非晶相中更多的自由体积可以诱发更多剪切带的形核，以塑性变形的方式来承载所施加的应变，有利于粉末的塑性流变［最大的塑性堆起高度与压痕总深度之比，图 3-8（b）］。决定复合粉末塑性变形的主要因素有两个，除了剪切带的形核以外，粉末中晶态相对于剪切带扩展的影响对塑性变形过程也起着重要的作用。

在纳米压痕测试中，假设非晶相中的剪切带首先形核，与此同时，应力被传递到近邻的晶态相上。如果晶态相比较容易通过位错、孪晶或相变等方式发生变形，变形的应力场可以有效阻碍剪切带的扩展[20]。在这种情况下，可以提高复合材料的塑性[5]。

然而，在 Ti 基金属粉末中，由于固溶强化作用及较小的晶粒尺寸（缺少晶体缺陷）等原因，晶态相的变形阻力大。单一的剪切带在非晶基体上迅速扩展，不会发生分叉、增殖等现象，从而导致变形过程中，大尺寸粉末中很少的位移突进［图 3-8（a）］和较差的塑性变形［图 3-8（b）］。

此外，如表 3-2 所示，粉末中晶态相与非晶基体表现出不同的弹性性能（模量值），这会导致变形时在界面处产生应力集中。尽管晶态相是在冷却过程中原位形成，与非晶基体界面结合良好，在界面处集中的应力仍有可能引起微观裂纹的产生。晶态相的尺寸对应力集中的影响可以用应力集中因子（ω）来描述[21]：

$$\omega \cdot \sigma \geqslant (E \gamma / d)^{1/2} \qquad (3-5)$$

式中，σ——应力；

E——杨氏模量；

γ——断裂界面能；

d——晶态相尺寸。

可见，晶态相尺寸对应力集中有着重要的影响：晶态相尺寸越大，则应力集中程度越大。因此，对于大尺寸颗粒，产生微裂纹的可能性要远远大于小颗粒。一旦微裂纹产生，将不利于粉末的塑性变形［图 3-8（b）］。

本章主要介绍了 Ar 气雾化 Ti 基非晶/晶态合金粉末的外观形貌、冷却速度、凝固组织及微观力学性能等方面内容，主要结论如下。

（1）气雾化 TiCuZrNiSn 合金粉末的外观形貌主要呈规则球形；粉末区间质量近似呈正态分布；累积质量分布曲线近似呈线性关系，以累积质量分数为 50% 所对应的粉末尺寸表示粉末的平均颗粒尺寸（D_{50}），其值约为 55μm。

（2）气雾化 TiCuZrNiSn 合金粉末的平均冷却速度在 $10^3 \sim 10^5$K/s，粉末颗粒越小，冷却速度越快。

（3）随着粒度的增大，粉末的凝固组织由非晶态转变为非晶态＋FCC-NiSnZr＋密排六方-Ti_3Sn 的复合组织，且晶态相质量分数、尺寸逐渐增大。晶态相的成分（富 Sn）与残余非晶相的成分（富 Cu）存在明显差异。

（4）不同尺寸粉末在纳米压痕测试中表现出不同的变形行为：小尺寸粉末表现出更多的位移突进现象，以及更好的塑性变形能力。

（5）粉末凝固过程中的热力学（化学亲和力）与动力学（原子迁移速率）条件共同决定析出相的结构、尺寸及成分；复合粉末中的晶态相及残余非晶相中含有的自由体积共同决定粉末的塑性变形。

参 考 文 献

[1]　Li B，Liang X，Earthman J C，et al. Two dimensional modeling of momentum and thermal behavior during spray atomization of γ-TiAl. Acta Materialia，1996，44（6）：2409-2420.

[2]　Pryds N H，Pedersen A S. Rapid solidification of martensitic stainless steel atomized droplets. Metallurgical and Materials Transactions A，2002，33（12）：3755-3761.

[3]　Dong P，Hou W L，Chang X C，et al. Amorphous and nanostructured $Al_{85}Ni_5Y_6Co_2Fe_2$ powder prepared by nitrogen gas-atomization. Journal of Alloys and Compounds，2007，436（1）：118-123.

[4]　Kalay Y E，Chumbley L S，Anderson I E. Characterization of a marginal glass former alloy solidified in gas atomized powders. Materials Science and Engineering A，2008，490（1-2）：72-80.

[5]　Hofmann D C，Suh J Y，Wiest A，et al. Development of tough，low-density titanium-based bulk metallic glass matrix composites with tensile ductility. Proceedings of the National Academy of Science of USA，2008，105（51）：20136-20140.

[6]　Nagendra N，Ramamurty U，Goh T T，et al. Effect of crystallinity on the impact toughness of a La-based bulk metallic glass. Acta Materialia，2000，48（10）：2603-2615.

[7]　Ramamurty U，Lee M L，Basu J，et al. Embrittlement of a bulk metallic glass due to low-temperature annealing. Scripta Materialia，2002，47（2）：107-111.

[8] Huang Y J, Shen J, Sun J F. Bulk metallic glasses: smaller is softer. Applied Physics Letters, 2007, 90 (8): 081919 (1-3).

[9] Mondal K, Ohkubo T, Toyama T, et al. The effect of nanocrystallization and free volume on the room temperature plasticity of Zr-based bulk metallic glasses. Acta Materialia, 2008, 56 (18): 5329-5339.

[10] Zhang T, Inoue A. Thermal and mechanical properties of Ti-Ni-Cu-Sn amorphous alloys with a wide supercooled liquid region before crystallization. Materials Transactions JIM, 1998, 39 (10): 1001-1006.

[11] Vedovato G, Zambon A, Ramous E. A simplified medel for gas atomization. Materials Science and Engineering A, 2001, 304-306: 235-239.

[12] Estrada J L, Duszczyk J. Characteristics of rapid solidified Al-Si-X powders for high-performance applications. Journal of Materials Science, 1990, 25 (2): 886-904.

[13] Zeoli N, Gu S. Computational simulation of metal droplet break-up, cooling and solidification during gas atomization. Computational Materials Science, 2008, 43 (2): 268-278.

[14] Inoue A, Tomioka H, Masumoto T. Mechanical properties of ductile Fe-Ni-Zr and Fe-Ni-Zr (Nb or Ta) amorphous alloys containing fine crystalline particles. Journal of Materials Science, 1983, 18 (1): 153-160.

[15] Schuh C A, Hufnagel T C, Ramamurty U. Mechanical behavior of amorphous alloys. Acta Materialia, 2007, 55 (12): 4067-4109.

[16] Takeuchi A, Inoue A. Classification of bulk metallic glasses by atomic size difference, heat of mixing and period of constituent elements and its application to characterization of the main alloying element. Materials Transaction JIM, 2005, 46 (12): 2817-2829.

[17] Park B J, Chang H J, Kim D H, et al. *In situ* formation of two amorphous phases by liquid phase separation in Y-Ti-Al-Co alloy. Applied Physics Letters, 2004, 85 (26): 6353-6355.

[18] Gaukel C, Kluge M, Schober H R. Diffusion mechanisms in under-cooled binary liquids of $Zr_{67}Cu_{33}$. Journal of Non-Crystalline Solids, 1999, 250-252: 664-668.

[19] Hofmann D C, Suh J Y, Wiest A, et al. Designing metallic glass matrix composites with high toughness and tensile ductility. Nature, 2008, 451 (7182): 1085-1089.

[20] Szuecs F, Kim C P, Johnson W L. Mechanical properties of $Zr_{56.2}Ti_{13.8}Nb_{5.0}Cu_{6.9}Ni_{5.6}Be_{12.5}$ ductile phase reinforced bulk metallic glass composite. Acta Materialia, 2001, 49 (9): 1507-1513.

[21] Bian Z, Chen G L, He G, et al. Microstructure and ductile-brittle transition of As-cast Zr-based bulk glass alloys under compressive testing. Materials Science and Engineering A, 2001, 316 (1-2): 135-144.

第 4 章　典型 Ti 基非晶合金粉末热稳定性

大块非晶合金由于其优异的物理、化学和力学性能，受到了人们的广泛关注。非晶合金处于亚稳态，在一定的条件下，非晶结构会发生结构弛豫，进而晶化为稳态相。在此过程中，常伴随着材料性能的变化[1]。因此，对于大块非晶合金晶化行为的研究有两方面意义：其一，可以研究晶化过程中晶体形核和长大机制，补充并完善经典形核理论；其二，可以通过成分设计、组织控制等方法制备具有优异性能的非晶/纳米复合材料[2]。

通常情况下，大块非晶合金的制备是采用快速凝固的方法。在制备过程中，要求冷却速度足够快以抑制晶化的发生。尽管一些合金体系具有较强的玻璃形成能力，尺寸的局限已经成为限制非晶合金进一步工程化应用的瓶颈。与此同时，采用粉末冶金方法制备块体非晶合金展现出了潜在的应用前景[3]。这不但是因为可以制备出大尺寸的非晶合金材料，而且材料具有与铸态可以相比拟的性能。因此，对于非晶合金粉末热稳定性及晶化行为的研究就显得尤为重要。更全面地掌握非晶合金粉末晶化的规律，有利于采用粉末冶金方法制备出具有优异性能的大尺寸非晶合金及其复合材料。

对非晶合金晶化行为的研究主要有两种方法：一是将熔融的液态金属冷却[4, 5]；二是将已经形成的固态非晶合金材料再加热[6]。对不同的合金体系，非晶合金材料的晶化过程和产物也各不相同。到目前为止，研究热点有以下两方面内容：一是非晶合金多步原位晶化，晶化过程中有亚稳相产生[7, 8]；二是再加热过程中的纳米晶化现象。其中，对纳米晶化现象的分析和解释目前还存在分歧。已经被提出的纳米晶化机制主要有以下几种：异质形核理论[9, 10]、相分离理论[11, 12]及 cluster 形核理论[13]。

本章采用先进的分析测试手段（如 SEM、同步辐射等），对 Ti 基非晶合金粉末在连续升温过程中的热稳定性及晶化行为进行了系统的介绍。从结晶热力学和结晶动力学的角度，对晶化过程中亚稳相的产生与转变、纳米晶化的机制进行了分析。此外，将再加热过程的晶化行为与冷却过程的晶化行为进行了比较分析。

4.1　连续升温热稳定性评价方法

图 4-1 为 Ti 基非晶合金粉末的差示扫描量热法曲线，升温速率为 5℃/min。

可见，在再加热晶化过程中，粉末表现出两步放热的特征。非晶粉末的玻璃转变温度（T_g）、晶化温度（T_x）、第一晶化放热峰值温度（T_{p1}）和第二晶化放热峰值温度（T_{p2}）可以被分别确定为 400℃、446℃、453℃和 509℃。为了系统研究非晶合金粉末的晶化过程，选择了一系列特征连续再加热温度值：300℃——低温，420℃——过冷液相区，450℃——晶化初期，480℃——第一个晶化放热峰后，500℃——第二个晶化放热峰初期，600℃——完全晶化后。再加热实验在高真空管式加热炉中完成（实验时的真空度高于 10^{-3}Pa），炉温经标准热电偶校正后，500℃的温度误差为±2℃。

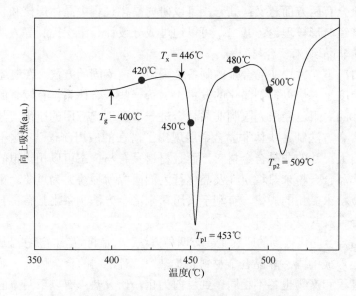

图 4-1　Ti 基非晶合金粉末的差示扫描量热法曲线

4.2　连续升温过程中非晶相的晶化行为

考虑到晶化过程中可能会有少量亚稳相产生，因此，采用同步辐射的方法在澳大利亚同步辐射中心完成。选用粉末衍射束，衍射束的束斑大小为 1mm×5mm，衍射束电流为 200mA，能量为 15keV，扫描角度为 $2\theta = -4.0° \sim -84°$。对再加热 Ti 基非晶合金粉末的析出相结构进行研究，如图 4-2 所示。

与普通 X 射线衍射结果相同，0～38μm 粉末的衍射曲线呈宽化的漫散射峰，另有少量微弱的衍射峰（峰 2、峰 4、峰 7）。进一步的 SEM 结果可以确定，大部分小尺寸粉末为完全的非晶态；但是有一些特殊的粉末仍然存在于其中（由于相近的颗粒尺寸，无法将这些粉末区分出来）。由图 4-3 可见，在这些特殊粉末

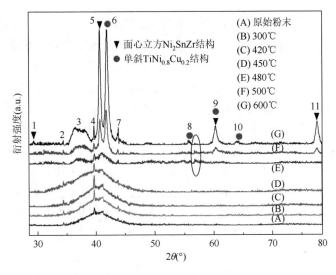

图 4-2　原始态及再加热 Ti 基非晶合金粉末的同步辐射结果

中，基体主要为非晶态［选区衍射图 4-3（c）］。同时，一些尺寸在几百纳米左右的晶态相存在于粉末中。通过选区电子衍射可以确定这些晶态相为 FCC-NiSnZr 结构相。分析认为，这些特殊的粉末是在雾化过程中，在不同的冷却条件下所形成的（例如，杂质的影响或者是雾化过程中颗粒间相互或与炉壁发生碰撞）。因此可以断言：小尺寸粉末（0~38μm）可以被认为是完全的非晶态；图 4-2 中，衍射

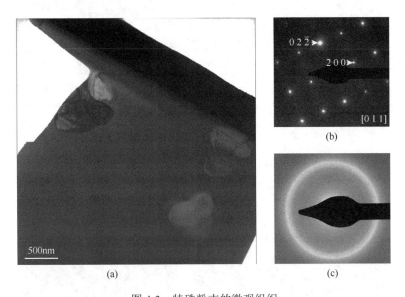

图 4-3　特殊粉末的微观组织

（a）SEM 明场像；（b）晶态相选区电子衍射图谱；（c）非晶相选区电子衍射图谱

峰 2、峰 4、峰 7 应该来源于这些特殊的粉末，而不属于非晶相的晶化过程。与非晶粉末相比，再加热至 300℃ 和 420℃ 样品的衍射曲线没有明显的区别。对 450℃ 的样品（第一个放热峰初期），非晶合金的漫散射峰变得更加宽化，这说明初期的晶化已经发生。值得注意的是，在 480℃ 样品中，这个宽化的漫散射峰分裂为两个宽化的衍射峰。当粉末样品进一步被加热到 500℃ 和 600℃ 时，出现了一系列尖锐的衍射峰和在 36°～39° 的几个宽化衍射峰的叠加峰。经过标定，尖锐的衍射峰可以被确定为 FCC 的 Ni_2SnZr 结构（PDF 号：23-1282）和单斜（monoclinic）的 $TiNi_{0.8}Cu_{0.2}$ 结构（PDF 号：44-0113）。此外，由于同步辐射对于少量晶态相的高分辨率，可以观察到一些结构演变的细节信息，如图 4-2 中椭圆区域所示。显然，在 480℃ 和 500℃ 再加热样品中，X 射线衍射图谱上 57° 左右位置出现一个较弱的衍射峰；而在 600℃ 再加热样品中，此衍射峰消失。这说明样品被加热到 600℃ 时，结构发生了转变。

为了更进一步研究晶化过程，采用 SEM 方法详细研究微观组织。金属粉末的 SEM 样品采用聚焦离子束切割方法制备，样品被放置在附有碳膜的铜网上；由于碳膜的影响，难以采用高分辨透射电子显微镜的方法，因此只给出了 SEM 暗场像及相应的选区电子衍射结果。聚焦离子束切割制备 SEM 样品过程如下：首先，将 Ti 基非晶及其复合材料粉末与纯 Al 粉混合，压制成直径 10mm、高度几毫米的圆片形状；其次，采用机械研磨、抛光的方法对圆片进行处理，直至粉末横截面露出 [图 4-4（a）]；再次，采用自动切割程序，在粉末样品内部切割出小于 100nm 的薄片 [图 4-4（b）、（c）]；最后，使用安装在纳米机械手上的玻璃针将薄片样品取出，并放置在附有碳膜的铜网上 [图 4-4（d）]。

如图 4-5（a）所示，在 450℃ 再加热样品中，可以观察到一些 2～5nm 的颗粒存在于非晶基体中。选区衍射图中明亮的衍射斑点和漫散射晕环也证明了非晶相与晶态相共存的特征。当温度升高至 480℃ 时 [图 4-5（b）]，大量纳米晶从非晶基体中析出，这些纳米晶的尺寸从几纳米至十几纳米。选区衍射图中观察不到漫散射晕环的特征，说明当粉末样品被再加热到第一个放热峰结束后，已经没

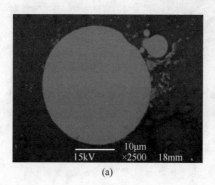

(a)

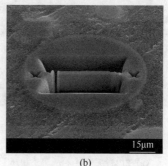

(b)

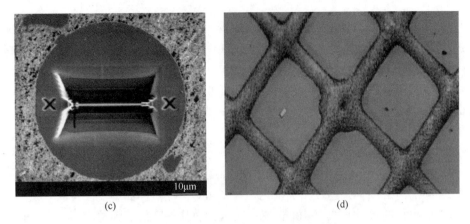

(c)　　　　　　　　　　　　　　　　(d)

图 4-4　聚焦离子束切割制备 SEM 试样

（a）Ti 基金属粉末横截面背散射图像；（b）聚焦离子束切割的二次电子像；（c）聚焦离子束切割的离子束像；
（d）铜网上的透射电子显微镜样品

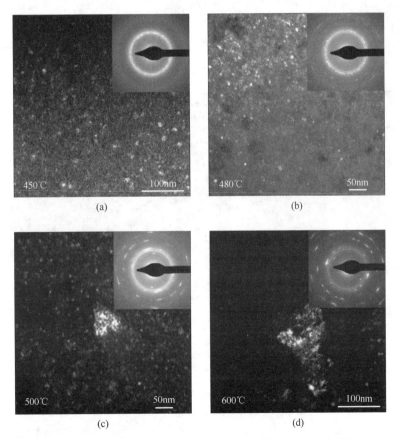

(a)　　　　　　　　　　　　　　　　(b)

(c)　　　　　　　　　　　　　　　　(d)

图 4-5　再加热粉末的 SEM 暗场像及对应的选区电子衍射

（a）450℃；（b）480℃；（c）500℃；（d）600℃

有非晶相的存在。另外，选区衍射图中出现了一个对应于 2.37Å 晶面间距的宽化的衍射环，这说明一些纳米晶的尺寸非常小。根据同步辐射的结果，出现在 480℃ 再加热样品中两个宽化的衍射峰属于不同结构和尺寸的纳米晶颗粒。

在 500℃ 再加热样品中 [图 4-5（c）]，出现了一些尺寸很小的圆点状纳米晶（小于 10nm）和少量已经长大到 50nm 左右的晶态相颗粒。尺寸较大的晶态颗粒造成了同步辐射中尖锐的衍射峰，而在 36°～39° 出现的几个宽化衍射峰的叠加峰则属于小尺寸的圆点状纳米晶。同时，这些小尺寸纳米晶对应于选区衍射图中宽化的衍射环。此外，480℃ 再加热样品和 500℃ 再加热样品的选区衍射花样明显不同，详细的衍射环标定将在下面给出。在 600℃ 再加热样品中 [图 4-5（d）]，一些晶态析出相的尺寸长大到 100nm 左右。同时，其选区衍射图与 500℃ 样品相似，宽化的衍射环仍然存在。这说明这些小尺寸纳米晶颗粒在较高的温度下，仍然可以保持稳定。相似的晶化现象出现在 $Ti_{45}Ni_{20}Cu_{25}Sn_5Zr_5$（原子百分比）非晶合金的等温晶化过程中[14]。由于其极小的晶粒尺寸（小于 10nm），很难确定这些纳米晶的结构和成分。

为了确定晶态析出相的结构，作者详细分析了样品的选区电子衍射图，如图 4-6 所示。

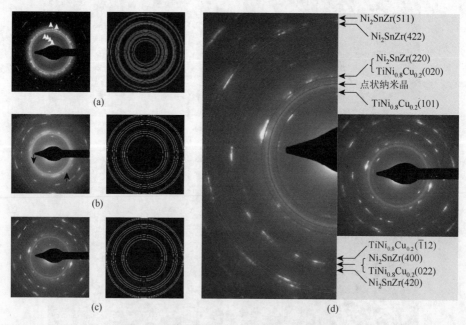

图 4-6　再加热粉末的选区电子衍射图标定
（a）480℃；（b）500℃；（c）600℃；（d）600℃样品选区电子衍射详细标定图

对比图 4-6（a）和（b），480℃ 再加热样品和 500℃ 再加热样品的选区衍射花样明显不同，说明了两种样品中不同的晶态相结构。另外，500℃再加热与600℃再加热样品的衍射图也略有差别［见图4-6（b）中箭头所示与图4-6（c）］，说明在两种样品中有相变发生。

　　根据以上结果，Ti 基非晶合金粉末的晶化过程可以归纳为：在晶化初期阶段（450℃样品），少量纳米晶从非晶基体中析出；第一个放热峰过后，非晶相完全晶化为亚稳的纳米晶（480℃样品）；在随后的升温过程中，亚稳纳米晶通过固态相变逐步转变为稳态的晶体相（500℃再加热和600℃再加热样品）。通过对600℃样品衍射花样的详细标定［图4-6（d）］，尖锐的衍射环可以被确定为 FCC 的 Ni_2SnZr 结构和单斜的 $TiNi_{0.8}Cu_{0.2}$ 结构，进一步确定了同步辐射的结果。

　　为了确认亚稳相转变的发生，对再加热的 Ti 基粉末进行差示扫描量热法分析，如图 4-7 所示。可以看出：非晶相与纳米晶态相共存的 450℃样品出现两个放热特征，而完全纳米晶相的 480℃样品却只有一个放热峰。同时，晶化完全的 600℃的样品并没有明显的放热现象。可以得到结论：在再加热晶化过程中，尽管 Ti 基非晶合金粉末表现出两步放热现象，但只有第一个放热峰对应于非晶相的纳米晶化；第二个放热峰是由亚稳晶态相的固态相变及纳米晶颗粒的长大造成的。另外，与原始粉末相比，450℃与480℃再加热样品的晶化峰与亚稳相转变峰的位置均向低温方向偏移，这说明这两个相变过程在第一次再加热后更容易进行。

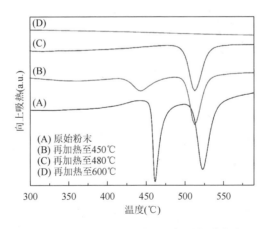

图 4-7　再加热粉末的差示扫描量热法曲线

4.3　连续升温多步亚稳纳米晶化机理

　　为了更好地理解上述 Ti 基非晶合金粉末的晶化行为，下面从结晶热力学与结晶动力学的角度对实验结果进行分析。

4.3.1　晶化过程

如上所述，再加热过程中，Ti 基非晶合金的晶化过程可以描述为：非晶→亚稳纳米晶 + 未知点状纳米晶→FCC-Ni_2SnZr + 单斜晶系-$TiNi_{0.8}Cu_{0.2}$ + 未知点状纳米晶。

对晶化过程的研究等同于理解晶化过程中的动力学与热力学因素。同样地，合金体系中各种组成元素之间的相互作用对晶化过程起到重要的作用。所不同的是，与冷却过程中的晶化相比（通常发生在过冷度 $\Delta T = 0.2T_m$ 之前[15]），再加热过程中的晶化通常发生在深过冷的条件下（$\Delta T \sim 0.5T_m$[1]），即晶化过程在较低的温度下进行；而原子在液态合金熔体中的迁移速率要远远大于在固态相变中的迁移速率[16]。在 Zr-Cu 二元体系的过冷熔体中，液态的扩散系数要比固态中高几个数量级，液态中约为 $10^{-9}m^2/s$，而固态中仅为 $10^{-13}m^2/s$[17]。另外，在较高的温度下（液态），大尺寸原子（如 Zr、Sn）的扩散系数与小尺寸原子（如 Cu、Ni）的扩散系数均较大，且两者相差不大[17]。同时，在较低的温度下（固态），尽管大尺寸原子与小尺寸原子的扩散系数都较慢，但是两者存在明显的差别：小原子的扩散系数高于大原子扩散系数 1～2 个数量级[17]。鉴于此，再加热过程中晶化可以被看作是动力学限制的过程，因为动力学方面的低扩散系数限制了原子的长程迁移。

如上所述，在再加热过程中，动力学的限制条件使得原子很难完成长程扩散。在这种情况下，Ti 基非晶合金粉末表现出了多步晶化的行为 [图 4-8（a）]。首先，尽管非晶相向稳态晶态相转变的热力学驱动力（ΔG_2）大于向亚稳晶态相转变的

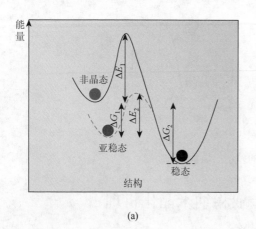

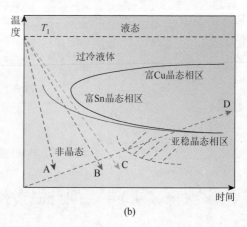

(a)　　　　　　　　　　　　　　　(b)

图 4-8　晶化过程分析

（a）非晶态、亚稳态与稳态相之间的自由能差及激活能；（b）TTT 曲线及冷却、再加热过程中的晶化路径

热力学驱动力（ΔG_1），但由于原子不能克服相变势垒（ΔE_1），Ti 基非晶合金粉末晶化为亚稳的纳米晶态相。随后，由于处于较高的能量状态，在进一步的加热过程中，亚稳纳米晶通过固态相变逐步转变为稳态相。在此过程中，由于较强的原子间相互作用，形成了 FCC 的 Ni_2SnZr 相。同时，由于小尺寸原子（Ti、Ni 和 Cu）的扩散较快，单斜的 $TiNi_{0.8}Cu_{0.2}$ 相也在固态相变过程中析出（而没有冷却过程中的 Ti_3Sn 相）。

　　综上，冷却及再加热过程中的晶化路径可以用温度-时间-相变（temperature-time-transformation，TTT）曲线来描述，如图 4-8（b）所示。由于以下原因：①Sn 原子与主要组元 Cu 原子的相互排斥作用；②与 Cu 原子相比，Sn 原子与其他组元间具有较强的相互作用；③在高温条件下，大原子与小原子相近的迁移速率，所以富 Sn 区域的 TTT 曲线与富 Cu 区域的 TTT 曲线在高温区间内是彼此分离的，只有足够快的冷却速度才可以使整个合金体系形成完全的非晶态（路径 A 形成 0～38μm 的非晶合金粉末）。否则，富 Sn 的晶态相将会首先在冷却过程中析出，路径 B、路径 C 分别对应于 58～75μm 和 106～150μm 的非晶/晶态（NiSnZr 相和 Ti_3Sn 相）复合粉末。在低温区间，小尺寸原子（Cu）的扩散系数要明显高于大尺寸原子（Sn），这弥补了 Cu 原子与其他组元间相对较弱的相互作用，使得富 Cu 区域与富 Sn 区域的 TTT 曲线几乎重合。此外，在此合金体系中，一个亚稳晶态相区域存在于富 Cu 与富 Sn 区域 TTT 曲线的下方。再加热过程中的晶化可以按照路径 D 进行，即亚稳相产生后，$TiNi_{0.8}Cu_{0.2}$ 相与 Ni_2SnZr 相同时析出，而不存在冷却过程中产生的 Ti_3Sn 相。

4.3.2　晶化相成分及尺寸

　　除了晶化过程外，在冷却过程中，析出晶态相的成分与残余非晶基体存在明显的差异。采用扫描透射电子显微技术研究再加热过程中 Ti 基非晶合金粉末中析出相成分的变化。图 4-9（a）～（c）为扫描透射电子显微镜模式下，再加热粉末的高角环形暗场像。

　　可以看出，在 450℃样品中，几纳米尺度的亮衬度区域出现在暗衬度的基体中，这说明伴随着非晶化的初期阶段，因为晶体相的析出，局域出现了成分变化。对于 480℃样品［图 4-9（b）］，亮衬度区域的尺寸增加到几十纳米。随着温度进一步升高（600℃），由于原子迁移能力的急剧提高，亮暗衬度区域增加到几百纳米。图 4-9（d）对应于图 4-9（c）中亮衬度（点 A）与暗衬度（点 B）的能谱分析结果。明显地，亮衬度区域富 Zr、Sn 原子，而暗衬度区域富 Ti、Ni、Cu 原子。

　　高角环形暗场像对原子序数衬度十分敏感。由能谱结果，富集 Zr 和 Sn 等大

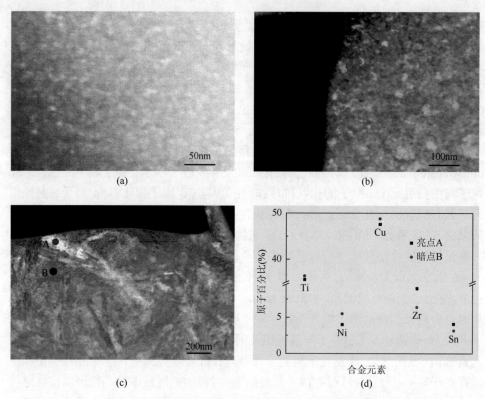

图 4-9　再加热粉末的高角环形暗场像及能谱分析结果

（a）450℃；（b）480℃；（c）600℃；（d）600℃样品能谱分析结果

原子序数元素的区域呈现出亮衬度，而富集 Ti、Ni 和 Cu 等相对小原子序数的区域则呈现暗衬度。以上结果说明，在再加热过程中，成分偏析发生在大原子（Zr、Sn）与小原子（Ti、Ni、Cu）之间，进一步证明了动力学（原子扩散）限制的晶化条件。另外，上述结果也说明在晶化过程中，晶体形核、长大与成分变化是同时发生的。

　　此外，对于冷却与再加热晶化过程中的主要晶化产物，其在尺寸上的差别也比较明显。如图 3-5（c）和图 4-5（d）所示，冷却过程中，结晶相可以长大到约 1000nm，而再加热过程中晶化完成后，结晶相的尺寸却只有 100nm 的数量级。为了解释以上结果，尽管经典形核理论被认为不适合深过冷的情况（主要体现在实验测得的形核率比理论预测值高几个数量级）[18]，仍然采用经典形核理论来比较分析最终晶化产物尺寸上的相对差异。考虑到最终结晶相的尺寸由形核与长大过程共同决定，稳态阶段的形核率（I）可以表示为[19]

$$I = A \cdot D \cdot \exp\left(-\frac{\Delta G^*}{kT}\right) \tag{4-1}$$

式中，A——常数；

　　　D——有效扩散系数；

　　　k——Boltzmann 常数；

　　　T——温度；

　　　ΔG^*——形核势垒。

ΔG^* 可以表示为 $\Delta G^* = 16\pi\sigma^3/3(\Delta G_v)^2$，其中 σ 为界面能（随温度变化不大[20]）；ΔG_v 为每摩尔体积过冷液体与晶体间的自由能差。而晶体生长速率（U）可以表示为[19]

$$U = \frac{D}{a}\left[1 - \exp\left(-\frac{\Delta G_v}{kT}\right)\right] \qquad (4\text{-}2)$$

式中，a——原子间距离。

　　根据经典形核理论，每摩尔体积过冷液体与晶体间的自由能差 ΔG_v 与过冷度成正比，即 $\Delta G_v \propto \Delta T$[21]。由式（4-1）和式（4-2）可以看出，晶体的形核与长大均需要两个条件：①一定的热力学驱动力 ΔG_v，即要在过冷液体中发生（ΔT）；②一定的原子扩散能力，即要在一定的温度下发生（T）。

　　此外，由式（4-1）可知，在热力学（ΔT）和动力学（T）的共同作用下，形核率 I 将在某个低于熔点的温度 T_{max} 达到极大值[22]；达到极大值时的温度满足 $\Delta T_{max}/T_m$ 约为 0.56[23]，其中 $\Delta T_{max} = T_m - T_{max}$。相类似地，生长速率也会在某温度下出现极大值[24]，且此温度要高于形核率极大值的温度[24]，即与生长速率相比，形核率极大值出现在更大的过冷度（ΔT）下，如图 4-10 所示。

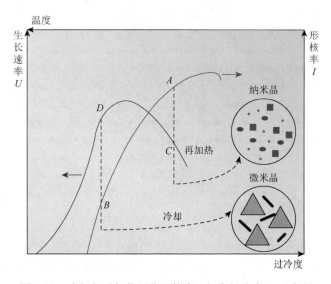

图 4-10　冷却与再加热晶化形核率 I 与生长速率 U 示意图

　　如上所述，冷却晶化通常发生在较高的温度下（小过冷度 $\Delta T \sim 0.2T_m$），而再加热晶化一般温度较低（大过冷度 $\Delta T \sim 0.5T_m$）。两种晶化过程中截然不同的热力学与动力学条件导致了不同的晶体形核、长大速率（图 4-10）。在再加热过程中，高形核率与低长大速率产生了纳米级的结晶相；而冷却过程中，相对低的形核率与高的长大速率使得结晶相可以长大到微米级。

　　本章采用先进的分析测试手段（如 SEM、同步辐射等），主要介绍了 Ti 基非晶合金粉末在连续升温加热过程中的热稳定性及晶化行为，主要结论如下：

　　（1）TiCuZrNiSn 非晶合金粉末在再加热过程中表现出多步晶化的特征。非晶相首先晶化为亚稳纳米晶态相；随后发生固态相变，亚稳纳米晶转变为 FCC 的 Ni_2SnZr 结构相和单斜的 $TiNi_{0.8}Cu_{0.2}$ 结构相。

　　（2）在再加热过程中，伴随着晶化的发生，成分偏析出现在大尺寸原子（Zr、Sn）和小尺寸原子（Ti、Ni、Cu）之间。

　　（3）在再加热过程中，由于动力学（不同尺寸原子扩散系数不同）的限制，$TiNi_{0.8}Cu_{0.2}$ 结构相与 Ni_2SnZr 结构相同时析出，同时出现大原子与小原子的富集区域。

　　（4）热力学因素（ΔT）与动力学因素（T）共同决定结晶相的形核与长大速率，进而决定结晶相的尺寸。与冷却晶化相比，深过冷的结晶条件（低温结晶）决定了再加热晶化的高形核率和低生长速率，从而得到了纳米级的晶化产物。

参 考 文 献

[1] Lu K. Nanocrystalline metals crystallized from amorphous solids: nanocrystallization, structure, and properties. Materials Science and Engineering R, 1996, 16（4）: 161-221.

[2] Pekarskaya E, Löffler J F, Johnson W L. Microstructural studies of crystallization of a Zr-based bulk metallic glass. Acta Materialia, 2003, 51（14）: 4045-4057.

[3] Wang D J, Huang Y J, Shen J, et al. Temperature influence on sintering with concurrent crystallization behavior in Ti-based metallic glassy powders. Materials Science and Engineering A, 2010, 527（10-11）: 2662-2668.

[4] Sun Y J, Qu D D, Huang Y J, et al. Zr-Cu-Ni-Al bulk metallic glasses with superhigh glass-forming ability. Acta Materialia, 2009, 57（4）: 1290-1299.

[5] Yan M, Shen J, Sun J F, et al. Cooling rate dependent As-cast microstructure and mechanical properties of Zr-based metallic glasses. Journal of Materials Science, 2007, 42（12）: 4233-4239.

[6] Jun H J, Lee K S, Chang Y W. Characterization of multiple crystallization steps in $Zr_{41.2}Ti_{13.8}Cu_{12.5}Ni_{10}Be_{22.5}$ bulk metallic glass. Materials Science and Engineering A, 2007, 449-451: 526-530.

[7] Martin I, Ohkubo T, Ohnuma M, et al. Nanocrystallization of $Zr_{41.2}Ti_{13.8}Cu_{12.5}Ni_{10.0}Be_{22.5}$ metallic glass. Acta Materialia, 2004, 52（15）: 4427-4435.

[8] Wang L M, Li C F, Inoue A. Formation of Ti-Zr(Hf)-Ni-Cu amorphous alloys and quasicrystal precipitation upon annealing. Materials Transactions JIM, 2001, 42（3）: 528-531.

[9] Ohkubo T, Kai H, Ping D H, et al. Mechanism of heterogeneous nucleation of α-Fe nanocrystals from $Fe_{89}Zr_7B_3Cu_1$ amorphous alloy. Scripta Materialia, 2001, 44（6）: 971-976.

[10] Liu C T, Chisholm M F, Miller M K. Oxygen impurity and microalloying effect in a Zr-based bulk metallic glass

alloy. Intermetallics，2002，10（11-12）：1105-1112.

[11]　Busch R，Schneider S，Peker A，et al. Decomposition and primary crystallization in undercooled $Zr_{41.2}Ti_{13.8}Cu_{12.5}Ni_{10.0}Be_{22.5}$ melts. Applied Physics Letters，1995，67（11）：1544-1546.

[12]　Löffler J F，Johnson W L. Model for decomposition and nanocrystallization of deeply undercooled $Zr_{41.2}Ti_{13.8}Cu_{12.5}Ni_{10}Be_{22.5}$. Applied Physics Letters，2000，76（23）：3394-3396.

[13]　Liu X J，Chen G L，Hou H Y，et al. Atomistic mechanism for nanocrystallization of metallic glasses. Acta Materialia，2008，56（12）：2760-2769.

[14]　Louzguine D V，Inoue A. Multicomponent metastable phase formed by crystallization of Ti-Ni-Cu-Sn-Zr amorphous alloy. Journal of Materials Research，1999，14（11）：4426-4430.

[15]　Schroers J，Busch R，Bossuyt S，et al. Crystallization behavior of the bulk metallic glass forming $Zr_{41}Ti_{14}Cu_{12}Ni_{10}Be_{23}$ liquid. Materials Science and Engineering A，2001，304-306：287-291.

[16]　Park B J，Chang H J，Kim D H，et al. *In situ* formation of two amorphous phases by liquid phase separation in Y-Ti-Al-Co alloy. Applied Physics Letters，2004，85：6353-6355.

[17]　Gaukel C，Kluge M，Schober H R. Diffusion mechanisms in under-cooled binary liquids of $Zr_{67}Cu_{33}$. Journal of Non-Crystalline Solids，1999，250-252：664-668.

[18]　Assadi H，Schroers J. Crystal nucleation in deeply undercooled melts of bulk metallic glass forming systems. Acta Materialia，2002，50（1）：89-100.

[19]　Schroers J，Busch R，Masuhr A，et al. Pronounced asymmetry in the crystallization behavior during constant heating and cooling of a bulk metallic glass-forming liquid. Physical Review B，1999，60（17）：11855-11858.

[20]　Nishiyama N，Inoue A. Supercooling investigation and critical cooling rate for glass formation in Pd-Cu-Ni-P alloy. Acta Materialia，1999，47（5）：1487-1495.

[21]　Mondal K，Murty B S. On the prediction of solid-liquid interfacial energy of glass forming liquids from homogeneous nucleation theory. Materials Science and Engineering A，2007，454-455：654-661.

[22]　Mondal K，Murty B S. Prediction of maximum homogeneous nucleation temperature for crystallization of metallic glass. Journal of Non-Crystalline Solids，2006，352（50-51）：5257-5264.

[23]　Singh H B，Holz A. Stability limit of supercooled liquids. Solid State Communications，1983，45（11）：985-988.

[24]　Köster U，Meinhardt J. Crystallization of highly undercooled metallic melts and metallic glasses around the glass transition temperature. Materials Science and Engineering A，1994，178（1-2）：271-278.

第5章 典型 Ti 基非晶合金粉末 SPS 烧结行为

与传统晶态合金材料相比，大块非晶合金由于其优异的物理、化学和力学性能而被认为是极具应用前景的结构和功能材料[1]。在所有大块非晶合金中，Ti 基非晶合金除了具备其他大块非晶合金的优点以外，还具有比强度高和耐腐蚀性好等特点[2-4]，因此，Ti 基大块非晶合金的制备与应用备受关注。

然而，Ti 基大块非晶合金的进一步工程化应用却受到两个因素的制约：玻璃形成能力和加工制备条件。首先，到目前为止，只有含有有毒元素 Be 或是含有 Pd 和 Hf 等贵金属元素的 Ti 基非晶合金成分体系可以制备临界尺寸大于或等于 10mm 的大块非晶合金材料[5-7]，而在其他成分体系中，只能制备临界尺寸 4～6mm 的 Ti 基大块非晶合金。相对较低的玻璃形成能力（样品尺寸）限制了 Ti 基大块非晶合金的应用范围，而相对较高的玻璃形成成分又不利于大规模工业化生产（对环境有害或是生产成本较高）。其次，由于 Ti 元素具有较高的化学活性，铜模铸造 Ti 基大块非晶合金的制备要求比较苛刻，通常是高真空下，利用高纯度原料[8]。这无疑增加了生产成本，限制了其应用。

近年来，为了克服大块非晶合金的尺寸限制，许多不同的粉末冶金方法被应用到制备大尺寸、高性能的大块非晶合金及其复合材料中[9, 10]。粉末冶金方法多是采用气雾化的方法制备非晶态预合金粉末，而后采用各种不同的方法，将预合金粉末固结成一定尺寸和形状的大块合金材料。在此过程中，可以通过工艺参数优化保持粉末的非晶态结构特征，从而制备大尺寸非晶合金材料；抑或通过非晶相晶化或外加第二相的方法制备大尺寸非晶基复合材料。采用以上方法，即使在玻璃形成能力相对较弱的合金体系中，也可以批量生产出非晶态的预合金粉末，更重要地，可以突破铜模铸造方法的尺寸限制，制备出大块材料，使非晶合金有了进一步应用的可能。

作为一种新型的烧结工艺，SPS 方法可以应用于非晶合金材料的烧结制备[10]。采用这种方法，研究人员已经成功制备 Zr 基[11]、Cu 基[12]、Fe 基[13]、Ni 基[10]及 Ti 基大块非晶合金[14]。本章采用 SPS 方法，对气雾化 Ti 基非晶合金粉末进行烧结，目的是制备大尺寸、高性能的 Ti 基大块非晶合金材料。同时，在对烧结态样品的组织及性能表征的基础上，应用自由体积模型，对非晶合金粉末的致密化机理进行分析。此外，本章还计算了 SPS 过程中存在的温度梯度，并介绍了此温度梯度对致密化及同时发生的晶化行为，以及烧结态试样微观力学性能的影响。

5.1　烧　结　制　度

考虑到非晶合金粉末的热稳定性及设备的温度误差和过冲，采用阶段升温的方式，烧结工艺曲线如图 5-1 所示。

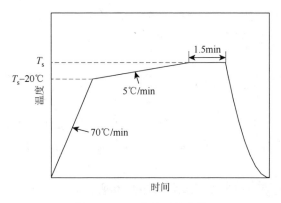

图 5-1　SPS 烧结工艺曲线

采用较快的升温速率将温度升至烧结温度以下 20℃，目的是减少合金粉末的结构弛豫，以保持其非晶态；随后为了防止温度过冲，以较慢的升温速率升至烧结温度，烧结保温时间 1.5min；最后随炉冷却至室温。升温过程的平均升温速率为 40℃/min。0～38μm 的 Ti 基合金粉末已经在前面内容中被确认过其非晶态的组织特征，其高分辨透射电子显微镜照片如图 5-2（a）所示，无序的原子排列和漫

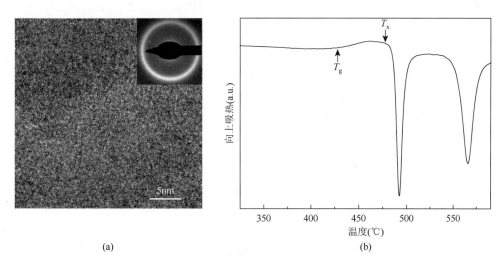

图 5-2　Ti 基非晶合金粉末的微观组织及热分析结果

（a）高分辨透射电子显微镜照片；（b）差示扫描量热法曲线

散射环的电子衍射谱进一步证实了其非晶态本质。在相同的升温速率下（40℃/min），非晶合金粉末（0～38μm）的差示扫描量热法曲线如图 5-2（b）所示。

基于差示扫描量热法曲线，可以看出：气雾化 Ti 基非晶合金粉末具有宽大的过冷液相区，其玻璃化转变温度 $T_g = 423℃$，晶化温度 $T_x = 476℃$，过冷液相区 T_x-T_g，即 $\Delta T = 53℃$。宽大的过冷液相区给 Ti 基非晶合金粉末的固结带来了可能与方便，因此，选择一个低于 T_g 的烧结温度 400℃，三个在 $T_g\sim T_x$ 之间（过冷液相区内）的烧结温度，分别为 430℃、440℃和 450℃。

5.2　烧结 Ti 基非晶合金微观组织与性能

不同烧结温度对烧结试样的致密性和组织有着重要的影响：温度偏低，非晶合金粉末难以致密化；而温度过高，会造成非晶合金粉末的晶化。

5.2.1　烧结温度对微观组织及性能的影响

图 5-3（a）为不同烧结温度下试样的 X 射线衍射曲线，可见，与原始 Ti 基非晶合金粉末相比，在 400℃、430℃和 440℃烧结温度下，均可以得到完全非晶态的大块非晶合金；烧结温度为 450℃时，试样出现了少量晶态相的衍射峰 [图 5-3（a）中曲线（E）]。图 5-3（b）为不同温度烧结试样的差示扫描量热法曲线，升温速率为 40℃/min。

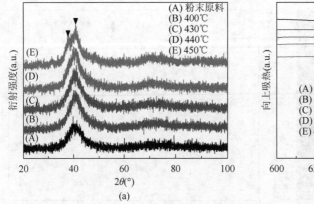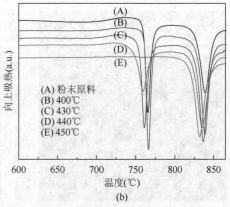

图 5-3　不同烧结温度下试样的 X 射线衍射及热分析结果

（a）X 射线衍射曲线；（b）差示扫描量热法曲线

从图 5-3（b）中可见，400℃、430℃和 440℃试样的晶化放热峰与原始非晶粉末的基本相同，放热焓值也基本一致；450℃试样的第一个晶化放热峰已经消失 [图 5-3（b）中曲线（E）]，说明其组织已经部分晶化，差示扫描量热法结果与 X 射线衍射结果一致。

烧结温度除了对非晶合金粉末的稳定性产生显著影响外，还极大程度上决定了烧结试样的致密性。采用阿基米德排水法对试样的密度进行测量，烧结密度计算公式为

$$\rho = \frac{W_1 \times \rho_1}{W_1 - W_2} \tag{5-1}$$

式中，ρ——试样的烧结密度（g/cm^3）；

$\quad\quad W_1$——试样在空气中的质量（g）；

$\quad\quad W_2$——试样在水中的质量（g）；

$\quad\quad \rho_1$——水的密度（g/cm^3）。

测量前将试样超声波清洗，然后烘干，每个试样测量 3 次。烧结试样的相对密度 d 采用如下公式计算：

$$d = \frac{\rho}{\rho_0} \tag{5-2}$$

式中，ρ——试样的烧结密度（g/cm^3）；

$\quad\quad \rho_0$——试样的理论密度（g/cm^3）。

试样的理论密度 ρ_0 采用加和法求得，加和密度公式为

$$\rho_0 = \frac{1}{\dfrac{A\%}{\rho_A} + \dfrac{B\%}{\rho_B} + \dfrac{C\%}{\rho_C} + \dfrac{D\%}{\rho_D} + \dfrac{E\%}{\rho_E}} \tag{5-3}$$

式中，$A\%$，$B\%$，$C\%$，$D\%$，$E\%$——非晶合金材料成分各组元的质量分数；

$\quad\quad \rho_A$，ρ_B，ρ_C，ρ_D，ρ_E——相应材料成分各组元的理论密度（g/cm^3）。

图 5-4 为铸态与烧结态样品相对密度曲线，可以看出：随着烧结温度的升高，烧结态试样的相对密度呈增加的趋势；400℃试样的相对密度偏低，为 92%左右；440℃试样的相对密度可以达到 99%；450℃试样的烧结致密性最好，但仍比铸态试样的相对密度略低。

试样的烧结致密性决定其组织。图 5-5 为不同烧结温度下，试样的 SEM 形貌。400℃烧结试样由于烧结温度在 T_g 以下，没有达到完全的致密化，粉末之间的宏观孔洞较多，因此致密性较差，相对密度为 92%左右。430℃试样可以看到粉末颗粒之间原始颗粒边界，但已经观察不到较大的宏观孔洞，说明非晶粉末的致密化过程已经发生，但粉末之间边界的弥合不是很充分。440℃和 450℃试样的组织致密性较好，只有少量微小的孔洞，这正说明了其具有较高的烧结致密性。

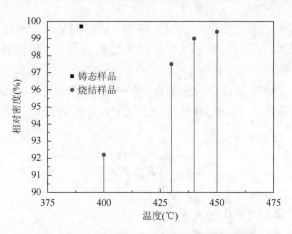

图 5-4　铸态与烧结态试样的相对密度曲线

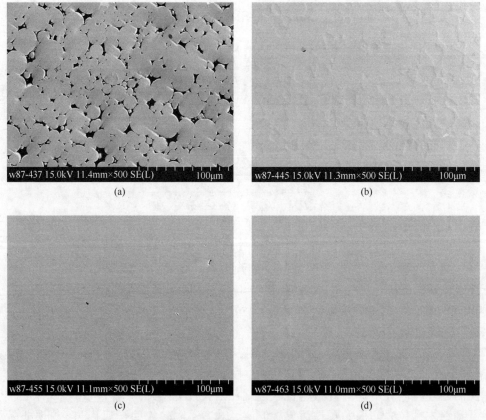

图 5-5　不同烧结温度试样 SEM 形貌

（a）400℃；（b）430℃；（c）440℃；（d）450℃

与传统的晶态材料不同，由于不存在晶界、位错等结构缺陷，大块非晶合金具有高硬度、高强度和低弹性模量等优异的力学性能。利用粉末冶金方法，可以制备出大尺寸 Ti 基块体非晶合金，决定其是否具有应用前景的另一个重要因素就是其是否具有优异的力学性能。

图 5-6 为 100g 载荷下，不同烧结温度试样的显微维氏硬度压痕的 SEM 形貌。可见，在相同的载荷下，随着烧结温度的升高，试样的压痕尺寸呈逐渐减小的趋势，这说明试样的硬度值逐渐增加。采用式（5-4）计算烧结试样的显微维氏硬度值，结果如图 5-7 所示。

对压痕对角线长度（d_1, d_2）进行测量，利用如下公式计算样品的维氏硬度值：

$$H_V = 2F\sin(136°/2)/d^2 \tag{5-4}$$

式中，H_V——维氏硬度；

　　　F——加载载荷；

　　　d——压痕对角线（d_1，d_2）的平均值。

(a)

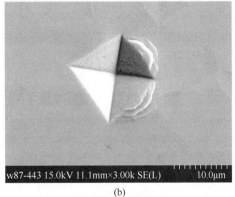

(b)

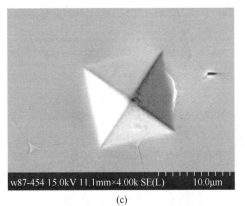

(c)

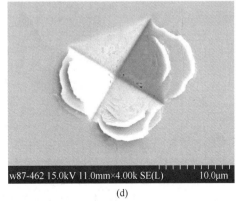

(d)

图 5-6　不同烧结温度试样显微维氏硬度压痕 SEM 形貌

（a）400℃；（b）430℃；（c）440℃；（d）450℃

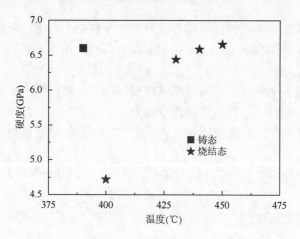

图 5-7　不同烧结温度试样的维氏硬度曲线

随着烧结温度的升高，试样的维氏硬度呈增加的趋势；烧结温度为 450℃时试样的硬度值最大，达到 6.66GPa，这一硬度值超过了相同成分铸态试样的硬度值（6.60GPa）。另外，在烧结态样品的压痕周围可明显看到剪切带的存在，这说明在烧结试样的变形过程中，同样出现了铸态大块非晶合金所具有的剪切变形特征。

进一步地，对烧结态试样室温下的压缩性能进行研究，压缩样品尺寸为 $\phi3\text{mm}\times6\text{mm}$ 样品，图 5-8 为相应的压缩应力-应变曲线。对烧结态试样，随着烧结温度的升高，压缩断裂强度先增加后降低；烧结温度为 440℃试样的强度最高，达到 1.67GPa，与铸态试样 1.7GPa 的压缩断裂强度相当。

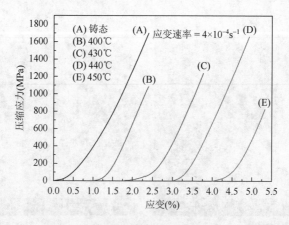

图 5-8　铸态及不同烧结温度试样室温压缩应力-应变曲线

图 5-9 为 440℃烧结试样压缩断裂侧表面及断口表面形貌照片，箭头方向为断

裂发生的方向。可见，试样断面呈一定的坡度，如图 5-9（a）所示；在断口表面上，可以看到发射状纹络特征，如图 5-9（b）所示。

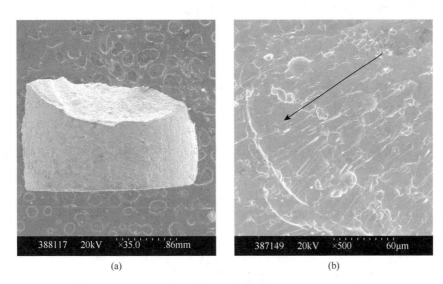

(a)　　　　　　　　　　　　　(b)

图 5-9　440℃烧结试样压缩断裂形貌

（a）侧视图；（b）断口表面

综上所述，烧结温度为 440℃时，试样具有最佳的综合力学性能（硬度和强度），且与铸态试样的力学性能相当。

5.2.2　烧结致密化机理

为了分析和解释上述烧结温度对烧结试样组织及力学性能的影响，下面对 Ti 基非晶合金粉末的致密化过程进行阐述。

从宏观上说，烧结过程是一个体系自由能降低的过程；从微观上说，烧结过程是一个物质迁移的过程。在非晶合金粉末的致密化过程中，原子通过扩散迁移来填充粉末之间及粉末内部的孔洞，同时使粉末之间的边界弥合，相对密度增加。温度场对烧结过程主要有两方面的影响：一是影响原子迁移速率；二是影响能够提供原子迁移的位置，在非晶合金粉末中，主要指自由体积的数量。而这两个方面同时又是影响非晶合金发生结构弛豫，即由非晶态的无序结构向晶态有序结构发生转变的重要因素。从这个意义上说，非晶合金粉末的烧结过程是一个致密化与晶化相互竞争的过程。

在一定的温度与应力作用下，非晶合金粉末的原子迁移过程可以描述为[13, 15]

$$n(\tau, T) \propto \exp[-(\Delta G^m - \tau\Delta V)kT] \tag{5-5}$$

式中，n——原子跃迁概率；

　　　　τ——剪切应力；

　　　　ΔG^m——原子跃迁激活能；

　　　　ΔV——剪切力作用下激活体积；

　　　　k——Boltzmann 常数。

实验结果证明，在一定的剪切应力作用下，原子跃迁势垒降低（$\tau\Delta V$），则原子跃迁过程更容易发生[13, 15]。由式（5-5）可知，在相同的烧结压力下，烧结温度越高，则原子跃迁概率越大。

在形成非晶合金粉末的非平衡凝固过程中，根据自由体积模型，过剩自由体积可以被"冷冻"到原子尺度的结构中[16]。这些过剩自由体积，可以为原子向其近邻位置迁移提供可能[17]。与氧化物玻璃相似，Ti 基非晶合金粉末在烧结应力作用下，可以表现出黏性流动的特性[18]。根据自由体积模型，在微观尺度上，非晶合金中流动缺陷密度可以表示为[19]

$$c_f = \exp(-x^{-1}) \qquad [x = v_f/(\gamma v^*)] \tag{5-6}$$

式中，v_f——每原子体积中的自由体积数量；

　　　　γ——常数；

　　　　v^*——产生流动缺陷的临界自由体积数量。

此外，非晶合金宏观黏度与流动缺陷密度密切相关[15]，即 $\eta \propto c_f^{-1}$。综上，在烧结温度从玻璃化转变温度 T_g 附近升高到晶化温度 T_x 以下的过程中，非晶合金中将产生新的自由体积[19, 20]，从而导致流动缺陷密度增加。这个过程在宏观上表现为在 T_g 附近时随着温度的升高，非晶合金的宏观黏度降低[21, 22]。

基于以上讨论，非晶合金粉末在室温时由于黏度很高，可以忽略黏性流动过程，因此很难发生致密化过程。下面以最佳烧结温度（440℃）烧结试样的温度及压头位移曲线为例来分析 Ti 基非晶合金粉末的致密化过程，如图 5-10 所示。

从烧结温度曲线中，可以看出，实际烧结温度场与预计烧结工艺曲线（图 5-1）基本一致。在压头位移曲线上，AB 段由于粉末发生热膨胀而使压头位置略有上升，随后（BD 段）压头位置下降，致密化过程发生；而压头位移主要发生在升温段。将 440℃烧结并保温 90s 后压头总位移定义为 d_t（450℃烧结试样的总压头位移与之相近），将任一烧结时间下试样的压头位移定义为Δd。可以看出，当烧结温度为 400℃时，未保温时压头位移（Δd）仅为总位移的 50%左右；保温 90s 后，压头位移增加到 70%左右，仍小于连续升温至 T_g 时的位移量（约 80%）。这主要是因为 400℃低于 T_g 温度，虽然相对于室温而言，此温度下原子迁移速率加快，同时流动缺陷增加，但是黏性流动不充分。在烧结应力作用下，虽然形成了烧结颈，但球形粉末形状未变，同时残存有大量宏观孔洞 [图 5-5（a）]。

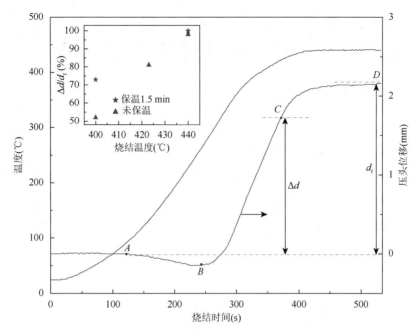

图 5-10　440℃烧结试样的温度及压头位移曲线

随着温度升高，原子跃迁进一步加快，自由体积产生，黏度降低，粉末颗粒不同位置表面曲率不同使得表面张力存在梯度；在应力梯度及孔洞浓度梯度的作用下，大量原子从粉末末端向烧结颈部迁移，烧结颈长大，同时粉末收缩，即当温度升高至 430℃时，可以得到比较致密的烧结组织［图 5-5（b）］。进一步，当烧结温度升高到 440℃时，压头位移增加到总位移的 98%左右；在随后的保温阶段，压头完成最后的 2%位移。在此过程中，与液相烧结相似，原子跃迁速率极快，自由体积大量产生，黏度迅速降低。更多的自由体积可以容纳更多的原子，同时向烧结颈部迁移，孔洞迅速收缩。这种充分的黏性流动使得体系完成致密化过程，得到几乎全致密的烧结态块体材料。在更高的烧结温度下（450℃），烧结致密化过程与 440℃试样相似。不同的是，由于非晶态是一种亚稳状态，在烧结（再加热）过程中，必然要向稳态结构发生转变。因此，原子的迅速迁移使得致密化过程发生的同时，也发生了晶化现象。晶态产物的析出恶化了烧结试样的力学性能（主要是断裂强度，图 5-8），基于此，450℃烧结温度为过烧温度。

5.3　温度梯度对典型 Ti 基非晶合金粉末烧结行为的影响

与传统外部加热的烧结方法相比（如热压烧结），在 SPS 过程中，直流脉冲电流直接通过压头-模具-粉末装置。由于此特殊的加热方式，粉末样品中心到模具表面的温度分布会产生差别，即形成温度梯度[23-25]。

5.3.1 SPS 过程中的温度梯度

为了研究此温度梯度对烧结试样的微观组织和力学性能的影响，下面首先对烧结温度的分布进行预测，如图 5-11 所示。

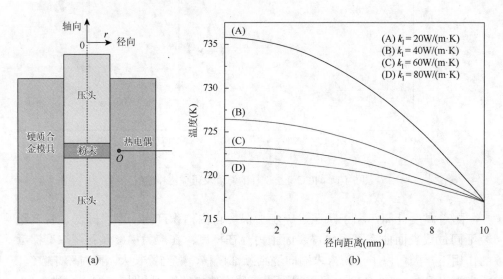

图 5-11　SPS 温度场预测

（a）装置示意图；（b）440℃烧结试样温度分布

在图 5-11（a）所示的 SPS 烧结装置中，宏观上的烧结温度由通过安置于模具中的热电偶控制，而热电偶的位置在距离粉末样品边缘 4mm 处 [如图 5-11（a）中所示，即 O 点位置]。也就是说，粉末样品在烧结时的实际温度与宏观上控制的烧结温度有所差别。

在圆柱形样品的横截面上，假定热量传导是轴向对称的[25]，则在任意径向位置 r 处，温度（稳态阶段）的分布可以表示为[25, 26]

$$\frac{\mathrm{d}T}{\mathrm{d}r} = -\frac{q_1}{2k_1}, \quad 0 \leqslant r \leqslant r_1 \tag{5-7}$$

$$\frac{\mathrm{d}T}{\mathrm{d}r} = -\frac{q_2}{2k_2} - \frac{r_1^2(q_1 - q_2)}{2k_2}\frac{1}{r}, \quad r_1 < r \leqslant r_2 \tag{5-8}$$

式中，T——温度；

r_1——样品半径；

r_2——模具半径；

q_1——样品中的能量输入；

q_2——模具中的能量输入；

k_1——样品的导热系数；

k_2——模具的导热系数。

基于两点假设：①$q_1 = q_2$；②模具和样品中所输入的能量分布均匀。圆柱形试样径向方向上温度分布可以通过式（5-7）和式（5-8）计算得到，计算所用参数为：模具尺寸 $\phi 60\text{mm} \times 60\text{mm}$，样品尺寸 $\phi 20\text{mm} \times 7\text{mm}$，硬质合金模具导热系数 $k_2 = 81\text{W/(m·K)}$，烧结稳态阶段能量 $q_1 = q_2 = 1.5 \times 10^7 \text{W/m}^3$，以最佳烧结温度（440℃，即 713K）为研究对象，边界条件 $T_{(r=14\text{mm})} = 713\text{K}$。粉末样品的导热系数（$k_1$）随烧结的进行而发生变化，因此选取了 Ti 基非晶粉末导热系数范围 20～80W/(m·K) 中步长为 20W/(m·K))的几个特征值进行计算。基于以上数据，440℃（713K）烧结样品径向温度分布如图 5-11（b）所示。从图 5-11（b）中可以看出：在所采用的烧结情况下，样品中心的温度高于样品边缘 10～20K。另外，样品中心和边缘的温差随粉末样品导热系数的增加而减小。

5.3.2　温度梯度对组织性能的影响

作者进一步采用透射电子显微镜研究了温度梯度对烧结样品微观组织的影响。烧结态样品的尺寸为 $\phi 20\text{mm} \times 7\text{mm}$，透射电子显微镜样品为 $\phi 3\text{mm}$ 的薄片，分别选取自烧结样品的中心（central，C）、中间（middle，M）和边缘部位（edge，E），如图 5-12 所示。

图 5-13 为 440℃烧结态样品中心位置的透射电子显微镜微观组织分析结果。可以看出，尽管 X 射线衍射分析结果中并未出现明显的衍射峰，但

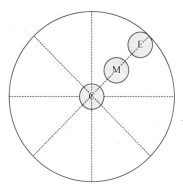

图 5-12　透射电子显微镜
样品选取示意图

在烧结样品的中心位置上，仍存在少量微米级的晶态相，如图 5-13（a）所示，椭圆形晶态相（C）出现在非晶基体（M）中。进一步分析图 5-13（a）中方形区域，晶态相主要有两种：1～2μm 尺寸的 C 相和约 100nm 的 I 相［图 5-13（b）］。为了确定 C 相与 I 相的晶体结构，对这两相进行了系列的选区电子衍射分析，分别如图 5-13（c）和（d）所示。通过对衍射结果的标定，C 相被确定为 FCC 结构，晶格常数为 0.42nm；I 相被确定为正交结构，晶格常数为 $a = 0.48\text{nm}$、$b = 1.03\text{nm}$、$c = 0.61\text{nm}$（这种晶体结构以前未见报道，是一种新结构相）。另外，两种晶态相之间存在明显的共格关系，如图 5-13（d）所示，即 $\{200\}_I // \{111\}_C$，同时 $\langle 001 \rangle_I // \langle 110 \rangle_C$。

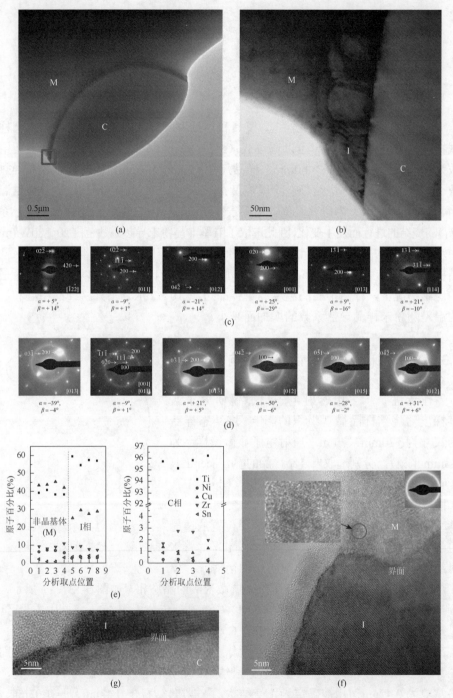

图 5-13 440℃烧结样品微观组织结构分析结果

（a）透射电子显微镜明场像；（b）高倍数明场像；（c）系列选区电子衍射花样；（d）系列选区电子衍射花样；
（e）能谱分析；（f）M相与I相界面处高分辨透射电子显微镜照片；（g）I相与C相界面处高分辨透射电子显微镜照片

图 5-13（e）为非晶基体（M）I相及 C 相的能谱分析结果，可见，三种相的平均成分分别为：$Ti_{39.1}Ni_{6.5}Cu_{43.7}Zr_{9.2}Sn_{1.5}$、$Ti_{57.1}Ni_{3.3}Cu_{27.8}Zr_{8.2}Sn_{3.6}$ 和 $Ti_{95.6}Ni_{0.3}Cu_{1.1}Zr_{2.3}Sn_{0.7}$（原子百分比）。图 5-13（f）、（g）分别为 M 与I相、I相与 C 相界面处的高分辨透射电子显微镜照片，可以看出，在非晶基体存在一些几个纳米尺度的结构有序区 [图 5-13（f）]。

以上结果说明，与晶态粉末的烧结致密化过程不同，在非晶合金粉末烧结过程中，伴随着致密化的进行，往往同时发生非晶态的结构弛豫，即非晶合金粉末会在烧结过程中发生晶化。如上所述，从这个意义上来说，非晶合金粉末的烧结过程是一个致密化与晶化互相竞争的过程。在得到高致密度的烧结材料的同时，要抑制晶化的发生，才能得到完全的大块非晶合金。

图 5-14（a）和（b）分别为 440℃烧结态样品中间和边缘区域的透射电子显微镜微观组织分析结果。在烧结中间区域仍然可以发现尺寸约为 100nm 的晶态相的存在，通过对选区电子衍射结果的标定，这些晶态相可以被确定为正交结构，晶格常数为 $a = 0.48nm$、$b = 1.03nm$、$c = 0.61nm$（中心区域的I相）；而中间区域的大部分组织仍为非晶态结构[图 5-14（a）]。在烧结样品边缘区域中[图 5-14（b）]，除了非晶基体以外，仅可见一些几个纳米尺度的结构有序区域，并没有晶体相的存在。

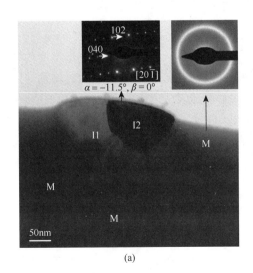 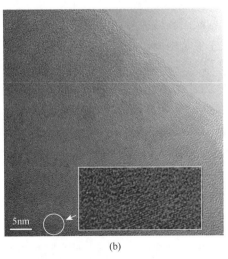

（a）　　　　　　　　　　（b）

图 5-14　440℃烧结样品透射电子显微镜照片及选区电子衍射结果

（a）中间区域；（b）边缘区域

进一步地，除了研究烧结样品的微观组织外，作者还采用纳米压痕的方法研究了温度梯度对烧结样品微观力学性能的影响。对 440℃烧结样品的中心、中间和边缘位置分别进行纳米压痕测试，三个区域在纳米压痕测试下典型的载荷-位移曲线及相应的硬度、约化弹性模量值如图 5-15 所示。

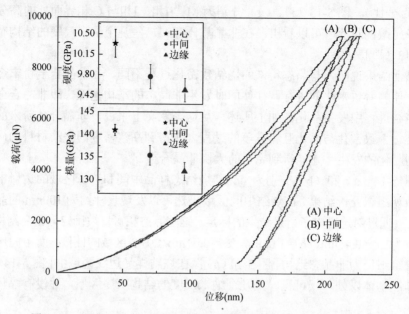

图 5-15　440℃烧结样品不同区域典型载荷-位移曲线及硬度与模量值

从图 5-15 中可以看出：样品的中心区域具有相对最高的硬度值和弹性模量值，这主要是由于样品中心区域具有相对最高的烧结温度。相对更高的烧结温度使得原子的迁移更加容易，同时新自由体积的大量产生使流动缺陷密度大大增加。这些因素导致粉末之间的结合更加紧密，因而中心区域表现出最高的硬度值〔（10.34±0.24）GPa〕，而边缘区域却只有（9.54±0.20）GPa。相类似地，伴随着致密化，更高的烧结温度使得中心区域结构弛豫进行得更加完全（图 5-13）。晶态相的产生使得中心区域的模量值〔（140.1±1.2）GPa〕高于边缘区域的模量值〔（131.9±2.1）GPa〕。

5.3.3　温度梯度对微观组织的影响

基于以上实验结果，明显地，SPS 烧结过程中所产生的微观温度梯度对烧结样品的微观组织及力学性能有着重要的影响。下面对伴随着致密化过程同时发生的晶化过程进行分析。

在 SPS 过程中，从样品中心到边缘存在的温度梯度是造成烧结样品不同区域微观组织不同的主要原因。由于烧结边缘温度相对较低，只形成了一些几个纳米尺度的结构有序区域〔图 5-14（b）〕。在烧结态样品的差示扫描量热法分析时，烧结过程中产生的短程有序结构（即晶态相）可以成为潜在的形核质点，这导致了其晶化峰位置略向低温偏移 [图 5-3（b）中曲线（C）、（D）]。烧结中间位置相对边缘位置温度较高，可以形成与非晶基体成分相对比较接近的 I 相；但由于 I 相晶格常数较大，其进一步长大相对困难，所以 I 相尺寸较小（100nm 左右）。另外，正交结构的 I 相以前未见报道，分析认为其可能是结构弛豫过程中产生的亚稳相。烧结中心位置温度相对最高，在形成 I 相的基础上，Ti 原子通过长程迁移，以与 I 相共格关系形核，同时因其晶格常数较小，形核后迅速长大为尺寸较大的 C 相。

从能谱结果中可以看出 [图 5-13（e）]，中心区域出现的 C 相成分主要是 Ti [超过 95%（原子百分比）]，同时，我们注意到 FCC 结构的 C 相的晶格常数为 $a = 0.42nm$，这与标准 FCC 结构的纯单质 Ti（PDF 号：88-2321）的晶格常数 $a = 0.406nm$ 非常接近，C 相中五种组元同时存在的固溶体特征是导致晶格常数发生微小变化的原因。同时，文献中曾经报道在 Ti-Cu-Zr-Ni 非晶合金形成体系中，单质 Ti 结构将以 α-Ti 或 β-Ti 的形式析出[27, 28]。因此，可以得到结论：在 Ti-Cu-Zr-Ni-(Sn) 非晶合金形成体系中，Ti 原子有偏聚、析出的趋势。

在不同的烧结温度下，非晶合金粉末的热稳定性差别很大。图 5-16 为 Ti 基非晶合金粉末过冷液相区中不同温度下等温差示扫描量热法曲线及 TTT 曲线。

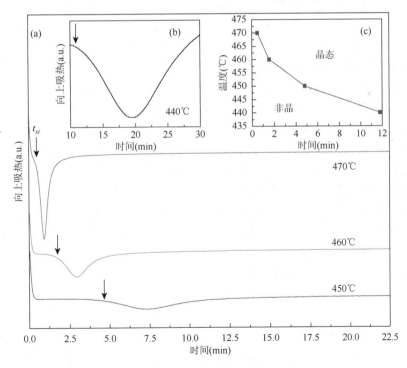

图 5-16　非晶合金粉末的等温差示扫描量热法曲线及 TTT 曲线

（a）470℃，460℃，450℃；（b）440℃；（c）非晶合金粉末的 TTT 曲线

　　可见，随着温度的升高，非晶合金粉末在发生晶化之前的孕育时间从 440℃ 的 11.8min 减少为 460℃ 和 470℃ 的 1.58min 及 0.50min。也就是说，在过冷液相区中，即使温度发生微弱的升高，也会对非晶合金粉末的热稳定性造成显著的影响。另外，即使烧结过程中存在温度梯度 [粉末样品中心温度高于边缘（实际烧结温度）10～20℃]，在 440℃ 烧结样品中，1.5min 的烧结保温时间仍然短于 460℃ 下的等温晶化孕育时间 1.58min。那么，在 440℃ 烧结样品的中心部位形成 1～2μm 尺寸的晶态相，需要原子具有很高的迁移速率。根据文献[29]，由温度影响的原子扩散系数可以估算为 $D \approx L^2/4t$ [其中，L 为原子扩散距离（可以用平均晶态相尺寸来估算）；$t = 90s$，为烧结保温时间]，则形成 2μm 的晶态相所需中心部位原子的扩散系数为 $D \approx 4 \times 10^{-14} \mathrm{m}^2/\mathrm{s}$。在非晶合金的过冷液相区中，由温度影响的原子扩散系数约为 $10^{-17} \mathrm{m}^2/\mathrm{s}$ 的数量级[29]。为了解释 SPS 过程中如此高的原子扩散系数，考虑有两种可能性。一是 SPS 工艺所采用的直流脉冲电压加热方式使得电流在烧结过程中流经非晶粉末，从而导致粉末之间接触颈部温度高于烧结区域的平均温度。因此，烧结中心部位接触颈部的实际烧结温度可能接近晶化温度 T_x。二是由于在烧结压力作用下，非晶合金粉末发生的黏性流动行为有助于有序结构（晶态结构）的产生；类似的晶化现象在非晶合金过冷液相区拉伸塑性变形区中也有发现[30]。

　　本章介绍了 Ti 基非晶合金粉末的烧结行为、致密化机理及 SPS 过程中产生的温度梯度及其对烧结样品的微观组织与力学性能的影响，主要结论如下。

　　（1）采用粉末冶金方法成功制备了 TiCuZrNiSn 大块非晶合金。烧结温度为 440℃ 试样的相对密度为 99%，其硬度值与压缩断裂强度值分别为 6.59GPa 和 1.67GPa，与铸态试样的 6.60GPa 和 1.7GPa 的硬度与断裂强度相当。

　　（2）根据自由体积模型，在烧结压力作用下，由烧结温度引起的充分黏性流动是非晶合金粉末致密化过程的微观机制。在此过程中，原子的迁移能力与流动缺陷密度是决定最终烧结密度的关键因素。

　　（3）SPS 过程中，由样品中心至样品边缘存在着温度梯度。本章所采用的烧结过程中，440℃ 烧结样品的中心温度高于边缘 10～20℃。相对最高的烧结温度使得中心区域结构弛豫更充分；同时发现了一种正交结构的新相，晶格常数为 $a = 0.48\mathrm{nm}$、$b = 1.03\mathrm{nm}$、$c = 0.61\mathrm{nm}$。

　　（4）440℃ 烧结样品的中心区域具有最高的烧结温度，从而表现出最高的硬度和弹性模量值。

参 考 文 献

[1]　　Inoue A. Stabilization of metallic supercooled liquid and bulk amorphous alloys. Acta Materialia，2000，48（1）：279-306.

[2]　Sheng W B. Correlations between critical section thickness and glass-forming ability criteria of Ti-based bulk amorphous alloys. Journal of Non-Crystalline Solids，2005，351（37）：3081-3086.

[3]　Wu X F，Suo Z Y，Si Y，et al. Bulk metallic glass formation in a ternary Ti-Cu-Ni alloy system. Journal of Alloys and Compounds，2008，452（2）：268-272.

[4]　Murty B S，Ranganathan S，Rao M M. Solid state amorphization in binary Ti-Ni，Ti-Cu and ternary Ti-Ni-Cu system by mechanical alloying. Materials Science and Engineering A，1992，149（2）：231-240.

[5]　Huang Y J，Shen J，Sun J F，et al. A new Ti-Zr-Hf-Cu-Ni-Si-Sn bulk amorphous alloy with high glass-formation ability. Journal of Alloys and Compounds，2007，427（1-2）：171-175.

[6]　Guo F Q，Wang H J，Poon S J，et al. Ductile titanium-based glassy alloy ingots. Applied Physics Letters，2005，86：091907.

[7]　Kim Y C，Kim W T，Kim D H. A development of Ti-based bulk metallic glass. Materials Science and Engineering A，2004，375-377：127-135.

[8]　Hao G J，Zhang Y，Lin J P，et al. Bulk metallic glass formation of Ti-based alloys from low purity elements. Materials Letters，2006，60（9-10）：1256-1260.

[9]　Lee S Y，Kim T S，Lee J K，et al. Effect of powder size on the consolidation of gas atomized $Cu_{54}Ni_6Zr_{22}Ti_{18}$ amorphous powders. Intermetallics，2006，14（8-9）：1000-1004.

[10]　Xie G Q，Louzguine-Luzgin D V，Kimura H，et al. Large-size ultrahigh strength Ni-based bulk metallic glassy matrix composites with enhanced ductility fabricated by spark plasma sintering. Applied Physics Letters，2008，92（12）：121907（1-3）.

[11]　Xie G Q，Zhang W，Louzguine-Luzgin D V，et al. Fabrication of porous Zr-Cu-Al-Ni bulk metallic glass by spark plasma sintering process. Scripta Materialia，2006，55（8）：687-690.

[12]　Kim T S，Lee J K，Kim H J，et al. Consolidation of $Cu_{54}Ni_6Zr_{22}Ti_{18}$ bulk amorphous alloy powders. Materials Science and Engineering A，2005，402（1-2）：228-233.

[13]　Lee S，Kato H，Makino A，et al. Displacement behavior study of the shear stress effect on the early viscous flow nature of Fe-B-Nb-Y metallic glassy powder in spark plasma sintering. Materials Transactions JIM，2009，50（3）：490-493.

[14]　Choi P P，Kim J S，Nguyen O T H，et al. $Ti_{50}Cu_{25}Ni_{20}Sn_5$ bulk metallic glass fabricated by powder consolidation. Materials Letters，2007，61（22-23）：4591-4594.

[15]　Jin H J，Wen J，Lu K. Shear stress induced reduction of glass transition temperature in a bulk metallic glass. Acta Materialia，2005，53（10）：3013-3020.

[16]　Turnbull D，Cohen M H. On the free-volume model of the liquid-glass transition. Journal of Chemical Physics，1970，52（6）：3038-3041.

[17]　Shen J，Huang Y J，Sun J F. Plasticity of a TiCu-based bulk metallic glass：effect of cooling rate. Journal of Materials Research，2007，22（11）：3067-3074.

[18]　Schuh C A，Hufnagel T C，Ramamurty U. Mechanical behavior of amorphous alloys. Acta Materialia，2007，55（12）：4067-4109.

[19]　Cohen M H，Turnbull D. Molecular transport in liquids and glasses. Journal of Chemical Physics，1959，31（5）：1164-1169.

[20]　Lu J，Ravichandran G，Johnson W L. Deformation behavior of the $Zr_{41.2}Ti_{13.8}Cu_{12.5}Ni_{10}Be_{22.5}$ bulk metallic glass over a wide range of strain-rates and temperatures. Acta Materialia，2003，51（12）：3429-3443.

[21]　Bakke E，Busch R，Johnson W L. The viscosity of the $Zr_{46.75}Ti_{8.25}Cu_{7.5}Ni_{10}Be_{27.5}$ bulk metallic glass forming alloy

in the supercooled liquid. Applied Physics Letters，1995，67：3260-3262.

[22] Busch R，Bakke E，Johnson W L. Viscosity of the supercooled liquid and relaxation at the glass transition of $Zr_{46.75}Ti_{8.25}Ni_{10}Cu_{7.5}Be_{27.5}$ bulk metallic glass forming alloy. Acta Materialia，1998，46（13）：4725-4732.

[23] Vanmeensel K，Laptev A，Hennicke J，et al. Modelling of the temperature distribution during field assisted sintering. Acta Materialia，2005，53（16）：4379-4388.

[24] Anselmi-Tamburini U，Gennari S，Garay J E，et al. Fundamental investigations on the spark plasma sintering/synthesis process II. Modeling of current and temperature distributions. Materials Science and Engineering A，2005，394（1-2）：139-148.

[25] Wang Y C，Fu Z Y. Study of temperature field in spark plasma sintering. Materials Science and Engineering B，2002，90（1-2）：34-37.

[26] Tiwari D，Basu B，Biswas K. Simulation of thermal and electric field evolution during spark plasma sintering. Ceramics International，2009，35（2）：699-708.

[27] Wang L，Li C，Inoue A. Formation of Ti-Zr(Hf)-Ni-Cu amorphous alloys and quasicrystal precipitation upon annealing. Materials Transactions JIM，2001，42（3）：528-531.

[28] Seki I，Fukuhara M，Kawashima A，et al. Annealing-induced devitrification behavior of a $Ti_{47.4}Zr_{5.3}Ni_{5.3}Cu_{42.0}$ glassy alloy. Materials Transactions JIM，2007，48（9）：2459-2463.

[29] Kim J J，Choi Y，Suresh S，et al. Nanocrystallization during nanoindentation of a bulk amorphous metal alloy at room temperature. Science，2002，295（5555）：654-657.

[30] Nieh T G，Wadsworth J，Liu C T，et al. Plasticity and structural instability in a bulk metallic glass deformed in the supercooled liquid region. Acta Materialia，2001，49（15）：2887-2896.

第6章 金刚石增强 Ti 基非晶合金复合材料 SPS 烧结

为了解决玻璃形成能力与力学塑性的问题，Ti 基大块非晶合金的制备技术一直是研究人员关注的重要课题之一。与传统的液态金属直接凝固方法制备大块非晶合金相比，粉末固结方法能够突破合金体系玻璃形成能力的限制，制备出大尺寸的非晶合金材料[1]。另外，粉末固结方法制备复合材料技术可以改变基体材料的微观组织，在复合粉末致密化过程的同时，形成增强相呈一定形态分布于基体中的形貌特征，从而获得优异的性能。因此，采用粉末固结方法制备大块非晶合金复合材料，可以达到增大尺寸、提高单一材料性能的目的[2, 3]。

非晶合金复合材料的制备，通常有外加复合和原位自生两种方法。与传统高温烧结方法相比，SPS 是一种新型的快速烧结技术，具有升温速度快、烧结时间短、效率高等特点，能够在较小的压力和较短的时间内将粉末原料烧结成形。采用该方法，可成功制备出外加增强相/大块非晶合金复合材料。Lee 等[4]将气雾化 Ni 基非晶合金粉末与 Cu 颗粒烧结，制备了 ϕ20mm 的复合材料，与脆性的单相 Ni 基非晶合金相比，复合材料表现出了约 2.9% 的总应变量及约 1% 的塑性应变量。Kim 等[5]将气雾化 Ni 基、Cu 基非晶合金粉末混合，采用 SPS 工艺制备了双相非晶复合材料。尽管复合材料的塑性变形能力无明显提高，但其强度从单相 Ni 基非晶合金的 2.40GPa 增加到了 2.86GPa。Xie 等[6]采用 SPS 方法，制备了大尺寸（ϕ20mm×5mm），同时具有高强度和一定塑性变形能力的 SiC 颗粒/Ni 基非晶合金复合材料。SiC 颗粒的添加，使得 Ni 基非晶合金复合材料表现出约 2% 的塑性变形能力。以上研究结果均说明，SPS 方法可制备出大尺寸且具有优异性能的外加增强相/大块非晶合金复合材料。

在众多的增强相材料中，金刚石颗粒以其高硬度、高比强度和良好的导热性而被广泛应用于复合材料领域[7]。然而，国内外极少报道金刚石颗粒在非晶合金这类具有独特性能材料中的复合行为，因此，开展 SPS 方法制备外加金刚石颗粒增强 Ti 基非晶合金复合材料的研究具有重要的理论意义和应用前景。

本章拟采用低能球磨的方法将人造金刚石颗粒与 Ar 气雾化制备的小尺寸（0～38μm）完全非晶态 Ti 基合金粉末均匀混合，而后采用 SPS 方法制备出大尺寸的金刚石颗粒增强 Ti 基非晶合金复合材料。进而介绍复合材料的力学性能，评价 Ti 基非晶合金复合材料可能应用的独特优异性能，进一步推动其在实际中的应用。

6.1　金刚石增强 Ti 基非晶合金复合材料的烧结制备与组织

本章为了制备外加金刚石/Ti 基非晶合金复合材料，选用所制备的 Ar 气雾化小尺寸（0～38μm）的完全非晶态 Ti 基合金粉末。另外，采用颗粒尺寸小于 5μm 的人造金刚石颗粒，所添加的金刚石体积分数为 5%。为了对比研究所制备复合材料的力学性能，采用铜模铸造的方法制备了相同成分的铸态 Ti 基非晶合金样品（ϕ3mm×10mm），同时采用 SPS 方法制备了未添加金刚石颗粒的烧结非晶合金样品，SPS 样品尺寸均为 ϕ20mm×7mm。

在 SPS 前，采用行星式球磨机-低能球磨的方法对 Ti 基非晶合金粉末与金刚石颗粒进行均匀混合。球磨参数为：球料比 4：1，选用 5mm 钢球，转速 120r/min，球磨时间 6h。图 6-1（a）为金刚石颗粒的形貌照片，可见，金刚石颗粒的尺寸在 2～3μm，呈不规则的棱块状。图 6-1（b）是采用上述低能球磨混粉方法所混合的复合粉末形貌照片，可以看出，经过 6h 的混合过程后，小尺寸的金刚石颗粒均匀地分散在大尺寸、球形的 Ti 基非晶合金粉末之间。

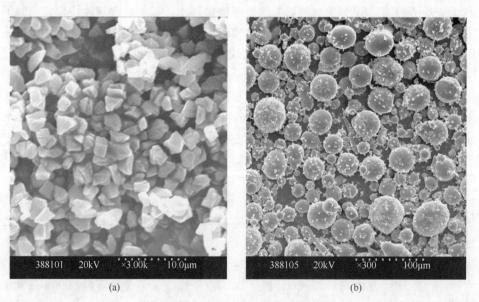

图 6-1　粉末原料形貌

（a）金刚石颗粒形貌；（b）粉末混合分散形貌

随后采用 SPS 方法分别制备大尺寸的 Ti 基非晶合金材料和外加金刚石颗粒增强 Ti 基非晶合金复合材料，为了确定烧结温度，在 40℃/min 的升温速率下，Ti 基非晶合金粉末（0～38μm）的差示扫描量热法曲线如图 6-2 所示。

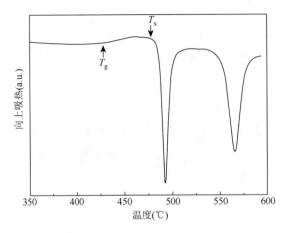

图 6-2　Ti 基非晶合金粉末的差示扫描量热法曲线

基于差示扫描量热法曲线，气雾化 Ti 基非晶合金粉末具有较为宽大的过冷液相区，其玻璃化转变温度 $T_g = 423℃$，晶化温度 $T_x = 476℃$，过冷液相区 $T_x - T_g$ 即 $\Delta T = 53℃$。宽大的过冷液相区给 Ti 基非晶合金粉末的固结带来了可能与方便。对于非晶合金而言，当温度升高至玻璃化转变温度以上、晶化温度以下这一温度区间时，非晶相会发生明显的结构弛豫，具体表现为非晶材料的黏度会迅速降低，原子扩散运动加快，因此选择了 440℃对粉末材料进行烧结。对非晶态粉末的烧结，实际上是粉末致密化过程与晶化过程互相竞争的一个过程。烧结温度低，虽然可以保持非晶态的存在，但烧结态材料组织不致密，性能较差；烧结温度过高，样品致密性好，但非晶态粉末会发生晶化，很难保持非晶合金的优异性能。因此，烧结温度在过冷液相区中，既能保证非晶态粉末发生充分的黏性流动，得到致密的烧结组织，又能最大限度地保持非晶相的组织特征。

图 6-3 分别为铸态非晶合金（$\phi 3mm$）、烧结态非晶合金（$\phi 20mm$）及烧结态金刚石颗粒增强 Ti 基非晶合金（$\phi 20mm$）的 X 射线衍射曲线。由图 6-3 可见：由于非晶形成能力的限制，采用传统铜模铸造的方法在此合金体系中仅可以得到 3mm 临界尺寸的完全非晶合金材料，表现为 X 射线衍射曲线是一个宽化的漫散射峰 [曲线（A）]。相类似地，采用 SPS 方法，在 440℃的烧结温度下，同样可以得到完全的非晶态材料 [曲线（B）]，所不同的是，样品的尺寸增大为 $\phi 20mm$。也就是说，采用粉末冶金方法制备预合金粉末，结合 SPS 方法可以成功突破尺寸限制、制备出大尺寸的非晶合金样品。而对于金刚石增强复合材料，其基体组织仍然呈现非晶态的结构特征 [曲线（C）]。值得注意的是，X 射线衍射曲线中并没有探测到金刚石颗粒的典型 Bragg 衍射峰，这主要是因为金刚石颗粒的体积分数较小（5%），而且金刚石颗粒的尺寸较小。

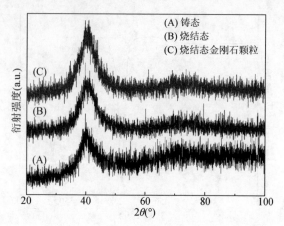

图 6-3　铸态、烧结态 Ti 基非晶合金及烧结态金刚石颗粒增强 Ti 基非晶合金复合材料的
X 射线衍射曲线

　　试样的烧结致密程度决定其烧结组织，图 6-4 为不同样品的 SEM 微观组织形
貌照片。

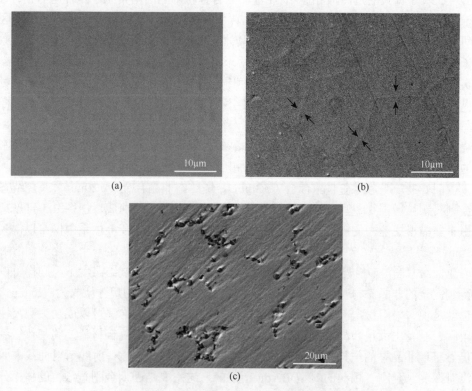

图 6-4　样品 SEM 微观组织形貌照片

（a）铸态 Ti 基非晶合金；（b）烧结态 Ti 基非晶合金；（c）烧结态金刚石颗粒增强 Ti 基非晶合金复合材料

可以看出：铸态 Ti 基非晶合金样品的组织致密［图 6-4（a）］，其组织形貌衬度均一，没有明显的不均匀区域及晶态相的存在，表现为完全的非晶态组织特征。而对于烧结态 Ti 基非晶合金［图 6-4（b）］，与铸态组织相类似，在烧结过程中，非晶粉末没有发生明显的晶化现象，烧结组织仍呈现非晶态衬度均一的特点，这同时也进一步证明了 X 射线衍射结果［图 6-3 曲线（B）］。在 440℃的烧结温度下，已经观察不到较大的宏观孔洞，烧结组织较致密。但是，对样品经过打磨、抛光后，烧结组织中仍然可以看到粉末颗粒之间存在的原始颗粒边界，说明非晶粉末的致密化过程已经发生，但粉末之间边界的弥合仍不充分。对于烧结态金刚石增强复合材料［图 6-4（c）］，金刚石颗粒均匀地分布在非晶基体组织中。具有很高硬度的金刚石颗粒存在于不同粉末之间的边界处，而复合材料中，却观察不到粉末颗粒之间存在的原始颗粒边界，这说明金刚石颗粒有助于复合粉末的致密化过程。另外，非晶基体组织均一，说明 SPS 后，可以保持原始粉末的非晶态特征，进而得到致密的外加金刚石颗粒增强 Ti 基非晶合金复合材料。

6.2　金刚石增强 Ti 基非晶合金复合材料的硬度与强度

与传统的晶态材料不同，由于不存在晶界、位错等结构缺陷，大块非晶合金具有高硬度、高强度和低弹性模量等优异的力学性能。如上所述，利用粉末冶金方法，可以制备出大尺寸的 Ti 基块体非晶合金及金刚石增强复合材料，决定其是否具有应用前景的另一个重要因素就是其是否具有优异的力学性能。

材料局部抵抗硬物压入其表面的能力称为硬度，表示固体对外界物体入侵的局部抵抗能力[8]。鉴于硬度是材料抵抗变形的一个重要性能指标，首先对三种状态材料的硬度进行测量。分别采用显微维氏硬度及纳米压痕硬度的方法对材料的宏观硬度及纳米硬度进行表征，实验结果如表 6-1 所示。

表 6-1　铸态、烧结态 Ti 基非晶合金及烧结态金刚石颗粒增强 Ti 基非晶合金复合材料的显微硬度、纳米硬度及自由体积弛豫热焓值

材料	显微硬度（GPa）	纳米硬度（GPa）	热焓值（J/g）
铸态非晶	6.60±0.20	8.26±0.14	1.178
烧结态非晶	6.58±0.33	9.54±0.20	0.397
烧结态复合材料	6.87±0.38	—	—

从表 6-1 中可以看出：铸态的 TiCuZrNiSn 非晶合金具有较高的显微维氏硬度

值，其硬度可以达到约 6.60GPa。与铸态试样相比，烧结态大块非晶合金的维氏硬度值略有降低，约为 6.58GPa。此外，实验数据的偏差值也略有增大。这主要是因为在烧结过程中，尽管非晶合金粉末发生了黏性流动，得到了致密的块体材料，然而原始非晶合金粉末之间的原始颗粒边界并没有完全弥合，如图 6-4（b）所示。这些粉末之间的原始颗粒边界可以认为是烧结态非晶合金材料的"缺陷"，在硬度测量中，使得烧结态非晶材料的硬度略低于铸态试样，同时也造成了相对较大的数据误差分布。与铸态及烧结态非晶合金材料相比，烧结态金刚石颗粒增强 Ti 基非晶合金复合材料的硬度值明显提高，达到了约 6.87GPa。这主要是由于具有很高硬度的金刚石颗粒的强化作用，另外，由于复合材料界面的存在［图 6-4（c）］，烧结复合材料的硬度值偏差较大。

　　同样地，对所制备样品的纳米硬度进行了测量。为了保护纳米压痕仪的压头，只对铸态及烧结态非晶合金样品进行了测量，结果如表 6-1 所示。值得注意的是，在两者显微维氏硬度值相近的情况下，铸态与烧结态非晶合金样品的纳米硬度值相差较大，铸态非晶试样的纳米硬度约为 8.26GPa，而烧结态非晶合金样品的纳米硬度可以达到约 9.54GPa。为了进一步分析此实验结果，注意到在纳米压痕过程中，剪切带的形核与扩展对于理解非晶合金抵抗变形的能力有着重要的作用。从微观角度来说，剪切带的形成是从少量物质的局域剪切区域（剪切变形区）开始的[9]，剪切带的进一步开动与扩展也将从这一区域发生。对于剪切带的形核，通常认为，材料中低强度、低剪切模量的"弱区"越多，剪切带的形核越容易[10]，而形成非晶合金过程中由于快速凝固过程所"冻结"的过剩自由体积可以被认为是预存的"弱区"[11]。

　　Ti 基非晶/晶态复合粉末中，预存的自由体积可以作为剪切带形核的初始位置。因此，铸态与烧结态非晶合金试样中预存自由体积的多少对于其抵抗变形的能力有着重要的影响。为了评价自由体积的多少，非晶合金在再加热过程中，自由体积的变化与结构弛豫过程中释放出的热量成正比[11]：$(\Delta H)_{fv} \propto \Delta v_f$，式中，$(\Delta H)_{fv}$ 为结构弛豫过程中的焓变；Δv_f 为单位原子体积内自由体积的变化。因此，可以通过测量结构弛豫放热焓的方法来定性比较自由体积的多少。两种非晶合金样品的差示扫描量热法曲线如图 6-5 所示，可以看出：铸态非晶试样在结构弛豫过程中放出大量的热（表 6-1），而烧结态试样的自由体积结构弛豫所放出的热焓值远小于前者。这主要是因为，尽管在气雾化过程中非晶合金粉末中保留了大量的自由体积，但其在随后烧结过程中温度场的作用下，已经发生了湮灭，从而导致得到的块体非晶合金试样中残存的自由体积大大减小，对变形的抵抗能力增强，引起纳米硬度的增加。相反地，铸态非晶合金试样中存在大量的自由体积，导致在纳米压痕变形过程中更多剪切带的开动，材料相对更容易变形，因而纳米硬度值低。

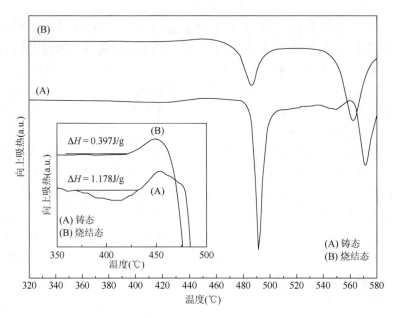

图 6-5　铸态、烧结态非晶合金样品的差示扫描量热法曲线

进一步地，对不同试样室温下压缩性能进行了研究，压缩样品尺寸为ϕ3mm×6mm 样品，图 6-6 为相应的压缩应力-应变曲线。

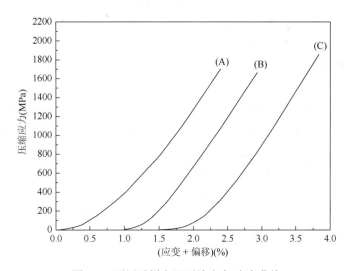

图 6-6　不同试样室温压缩应力-应变曲线

从图 6-6 中可以看出：三种样品（铸态及烧结态非晶合金、烧结态金刚石颗粒增强复合材料）在压缩应力的作用下，均表现出脆性断裂特征。压缩试样在经

历了约 2%的弹性变形后，即发生断裂，在压缩变形过程中没有明显的塑性变形发生。铸态 Ti 基非晶合金具有较高的断裂强度，达到 1700MPa［曲线（A）］，而烧结态非晶合金的断裂强度略低于铸态样品，为 1650MPa［曲线（B）］，这主要是因为铸态样品组织致密，而烧结态样品尽管试样尺寸得到了大幅增加，但粉末之间原始颗粒边界的存在［图 6-4（b）］使得烧结态非晶合金的断裂强度略低。

烧结态金刚石颗粒增强复合材料的压缩断裂强度最高，达到了 1850MPa［曲线（C）］，明显高于铸态及烧结态非晶合金试样。分析认为，在压缩测试中，具有 4500～5400MPa 强度的金刚石颗粒的第二相强化作用是烧结态复合材料表现出最高断裂强度的主要原因[7]。在复合材料的压缩变形过程中，非晶合金基体的变形是通过剪切带的形成与扩展来实现的。由于金刚石颗粒具有很高的强度，而且其与非晶基体结合良好［图 6-4（c）］，复合材料中单一剪切带的扩展可以有效地被金刚石颗粒所阻碍，促进剪切带的增殖及多重剪切带的萌生，进而缓解复合材料中的应变集中并消耗更多的变形能量。因此，烧结态复合材料表现出最高的压缩断裂强度。

6.3 金刚石增强 Ti 基非晶合金复合材料的摩擦磨损性能

摩擦磨损性能分析认为，磨损是发生在材料表面的微观动态过程，是伴随着摩擦，由摩擦副之间的力学、物理、化学作用而产生的必然结果[12]。与相同成分的晶态合金材料相比，非晶合金具有优异的力学性能，如高硬度、高强度等。针对非晶合金及其复合材料的进一步应用，系统研究与评价非晶合金及其复合材料的摩擦磨损性能是十分重要的。然而，尽管对于传统铸态非晶合金材料的摩擦磨损研究已经取得了一些研究成果[13-15]，针对相同成分的铸态、烧结态非晶合金及其复合材料摩擦磨损性能的研究还少有报道，这无疑制约了采用粉末冶金方法制备大尺寸、高性能 Ti 基非晶合金及其复合材料的进一步应用。

耐磨性是表征材料抵抗磨损的性能，通常情况下，人们采用磨损量来表征材料的耐磨性，在相同条件下，磨损量越小，材料的耐磨性能就越强[12]。基于上述对三种样品的硬度及压缩强度的研究，三种试样表现出了不同的维氏硬度、纳米硬度及断裂强度特征。但是值得注意的是，金属材料的硬度或强度越高，不一定代表其耐磨性能越好，金属在摩擦磨损过程中磨损面的微观状态对耐磨性也有着重要的影响。

本节系统介绍了铸态 Ti 基非晶合金、烧结态 Ti 基非晶合金及烧结态金刚石颗粒增强 Ti 基非晶合金复合材料的干摩擦磨损行为，其测试过程为[12]：将金属试样固定在销上，在与其垂直的方向上加载载荷，使试样表面与磨盘表面相互接触，磨盘按设定的转速运动，彼此接触的表面做相对滑动。金属试样的准备过程如下：

线切割得到 ϕ3mm×6mm 的金属圆柱形试样，用 600 目及 1000 目砂纸分别研磨金属试样的两个端面，随后将两端面机械抛光。本节的实验参数为：空气条件下进行摩擦磨损实验，温度为 23℃，摩擦副材料为 GCr15 钢，施加载荷 10N，磨盘转动速度 0.4m/s，磨损距离 500m。摩擦系数 μ 采用下式计算：

$$\mu = \frac{F}{P} \tag{6-1}$$

式中，F——摩擦过程中变化的值；

　　P——试样在垂直方向上所受的载荷。

用电子天平称量摩擦磨损实验前后试样的质量变化，精度为±0.0001g。实验结果如图 6-7 所示。

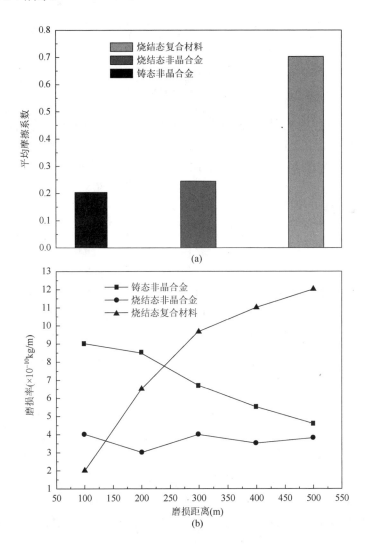

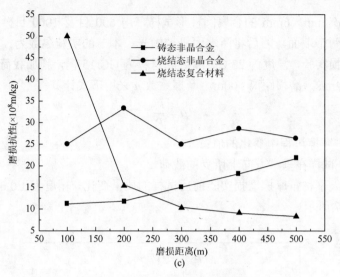

图 6-7　三种试样的摩擦磨损性能

（a）平均摩擦系数；（b）磨损率；（c）磨损抗性

　　图 6-7（a）是三种试样在摩擦磨损过程中的平均摩擦系数示意图。平均摩擦系数与材料在实际磨损过程中磨损表面的粗糙度密切相关。一般来说，磨损表面越粗糙，则平均摩擦系数越大。由图 6-7（a）中可见，铸态 Ti 基非晶合金试样与烧结态 Ti 基非晶合金试样的摩擦系数较低，且两者数值相当，铸态 Ti 基非晶合金约为 0.2，烧结态 Ti 基非晶合金约为 0.25。值得注意的是，烧结态金刚石颗粒增强 Ti 基非晶合金复合材料的平均摩擦系数最大，达到了约 0.7，这说明烧结态复合材料的磨损表面相对更粗糙，这是由材料的不同表面状态而引起的不同摩擦磨损机制导致的。三种材料的磨损机制与过程，随后将结合磨损形貌详细分析。

　　耐磨性是一个系统性质，然而到目前为止，尚没有统一的、意义明确的耐磨性指标。因此，本章对三种材料耐磨性的比较采用的是磨损率随磨损距离的变化。而磨损率表示为每单位磨损距离时，试样在摩擦磨损实验前后质量的变化。

　　图 6-7（b）是三种样品磨损率随磨损距离的变化关系。从图 6-7（b）中可见：烧结态 Ti 基非晶合金在整个磨损过程中的磨损率几乎是一个常数，体现为磨损率随磨损距离变化不大。而铸态 Ti 基非晶合金的磨损率随着磨损距离的增加呈现略微下降的趋势，表现为耐磨性的增加。尽管如此，在本节的实验条件下，摩擦磨损结束时烧结态非晶合金的耐磨性仍优于铸态非晶合金。对于烧结态复合材料，其在较短的磨损距离（小于 100m）时，表现出最小的磨损率，耐磨性最好。在随后的磨损过程中，烧结态复合材料的磨损率迅速增加，表现为耐磨性的逐步降低；当磨损距离达到 500m 时，烧结态复合材料的磨损率反而最大。

　　为了更直接地反映三种材料的抗摩擦磨损性能，采用磨损抗性性能指标，其

物理意义是磨损率的倒数，即抗磨损性能越好，则磨损抗性越大。图 6-7（c）是
三种材料的磨损抗性随磨损距离的变化关系。可见，烧结态 Ti 基非晶合金在 500m
的磨损距离时，表现出最为优异的抗摩擦磨损性能。铸态 Ti 基非晶合金的磨损抗
性随磨损距离的延长而逐渐增加，说明铸态非晶合金的抗摩擦磨损性能有逐渐提
高的趋势。尽管如此，在达到 500m 的磨损距离时，铸态非晶合金的磨损抗性仅
为烧结态非晶合金的 75%。与磨损率的结果相似，烧结态金刚石强化非晶合金复
合材料的磨损抗性在短磨损距离时最高，但随磨损距离的增加而迅速降低；在
500m 磨损距离时，烧结态复合材料的磨损抗性最低。

　　为了深入、系统地分析三种材料不同的摩擦磨损机制，注意到材料的抗磨损性
与材料的力学性能（如硬度等）密切相关，而材料的性能取决于材料的微观结构。
因此，对三种材料摩擦磨损实验后的磨损表面形貌进行了观察，如图 6-8 所示。

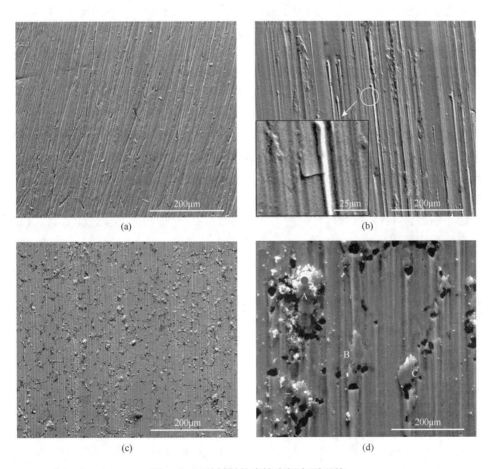

图 6-8　三种材料的摩擦磨损表面形貌

（a）铸态非晶；（b）烧结态非晶；（c）烧结态复合材料；（d）烧结态复合材料

从图 6-8 中可以看出：铸态非晶合金的磨损表面比较光滑［图 6-8（a）］，磨损表面的划痕细小，表面磨屑较少且尺寸较小。本节摩擦磨损实验所采用的磨盘材料 GCr15 轴承钢的硬度约为 7.00GPa，而表 6-1 中所示铸态非晶合金的硬度约为 6.60GPa。因此在磨损过程的初始阶段，尽管铸态非晶合金的组织致密［图 6-4(a)］，较硬的磨盘材料突出的尖角部分可以在铸态 Ti 基非晶合金的表面形成初始的细小磨损凹坑。在随后的磨损过程中，细小的凹坑逐渐扩展、形成划痕，同时伴随着小尺寸磨屑的形成。与铸态非晶合金相比，尽管烧结非晶合金的划痕密度和数量略少［图 6-8（b）］，但其表面更为粗糙，在磨损表面上可以观察到更深的犁沟形成。同时，磨屑的尺寸也比铸态非晶合金表面的磨屑粗大，这也正是烧结非晶合金的平均摩擦系数略高于铸态非晶合金的原因［图 6-7（a）］。此外，可以观察到一些磨屑黏着在烧结态非晶样品磨损表面的犁沟之间。值得注意的是，在烧结态非晶合金磨损表面，出现了磨损裂纹，见图 6-8（b）中插图。在摩擦磨损的过程中，由于非晶合金的塑性变形能力有限，在所施加载荷的作用下，烧结非晶合金材料主要表现出脆性特征（图 6-6，脆性断裂），因此，烧结态材料在磨损表面上易于形成与滑动方向垂直的磨损微裂纹，以此方式来缓解磨损过程中的应力/应变集中，如图 6-8（b）所示。另外，随着摩擦磨损的进行，烧结态非晶合金表面粉末颗粒之间存在的原始颗粒边界［图 6-4（b）］可能作为"缺陷区域"，这些缺陷区域在施加载荷的持续作用下，表面的微裂纹会不断形成、扩展，当裂纹区内的表层材料开始出现剥离时，试样磨损面形成犁沟及相对大尺寸的磨屑。对于烧结态复合材料［图 6-8（c）］，可以看到大量的磨屑分布在整个磨损表面上。在高倍的 SEM 图片中［图 6-8（d）］，也可以清晰地观察到互相平行的犁沟，以及细小的磨屑（A）与大尺寸的磨屑（B 和 C），这种粗糙的磨损表面是烧结态复合材料平均摩擦系数最大的原因［图 6-7（a）］。进一步地，对磨屑的化学成分进行了能谱分析，如表 6-2 所示。

表6-2　图6-8（d）中 A、B 及 C 点能谱分析［%（原子百分比）］

位置	Ti	Cu	Zr	Ni	Sn	Fe	Si	C	O
A	10.92	9.46	1.94	1.45	1.43	5.45	2.02	17.6	49.73
B	22.09	19.05	3.53	2.83	2.95	4.99	—	—	44.56
C	21.53	19.03	3.16	2.85	2.75	6.91	—	—	43.77

从表 6-2 中可见，在三个位置磨屑处，除非晶合金基体的五种金属组元外，都可以探测到相当含量 O 元素的存在。这主要是由于在非晶基体组元中存在化学性质较活泼的 Ti、Zr 等元素；伴随着摩擦磨损的进行，由于温度的升高及机械相互作用，这些活泼元素可以与 O 元素反应，形成氧化层。此外，细小的磨屑处（A）

可以探测到一定量的 Fe、Si 和 C 元素，这些元素正是磨盘材料 GCr15 轴承钢中的主要组元；这说明细小的磨屑来自于磨盘材料。同时，大尺寸磨屑（B、C）处并未检测到 Si、C 元素的存在，说明这些大尺寸的磨屑是非晶合金基体剥落后所形成的。

　　基于以上的实验结果，对三种材料的摩擦磨损机制进行分析。如上所述，由于磨盘材料的硬度要高于三种材料的硬度，因此，在磨损初期，较硬的磨盘材料突出的尖角，可以在材料表面形成凹坑。由于铸态非晶合金的组织致密 [图 6-4（a）]，所形成的划痕数量多、深度浅，磨屑尺寸细小，即磨损表面相对光滑，平均摩擦系数小。随着磨损过程的进行，摩擦过程中产生的热量将引起亚稳态的结构弛豫，即非晶态向稳态结构的转变。结构弛豫过程中伴随着非晶相自由体积的湮灭，由于铸态非晶合金中存在大量自由体积（表 6-1），磨损过程中自由体积的湮灭将会导致材料表面硬度的升高[16]；局部温度的升高甚至可能超过非晶相的晶化温度，从而引起表面晶化的发生[17]。因此，随着磨损距离的增加，铸态非晶合金的表面硬度随自由体积的湮灭而升高，进而表现出磨损抗性随磨损距离的增加而有所增强 [图 6-7（c）]。与铸态非晶合金相比，烧结态非晶合金由于含有的自由体积较少而表现出更高的纳米硬度值（表 6-1），因此，烧结态非晶合金表现出更为优异的磨损抗性 [图 6-7（c）]。此外，非晶合金粉末中的自由体积在烧结过程中已经发生了湮灭，因此，烧结态非晶合金的磨损抗性在测试过程中基本保持稳定。然而，烧结态非晶合金表面粉末颗粒之间存在的原始颗粒边界 [图 6-4（b）] 可能作为"缺陷区域"，磨损过程中微裂纹易于在这些区域附近形成 [图 6-8（b）]；当裂纹扩展至一定程度后，材料表面形成磨损碎片，脱落的磨损碎片在后续摩擦过程中可以作为磨粒对摩擦表面产生磨削作用，从而使烧结态非晶合金的磨损表面出现明显的犁沟现象 [图 6-8（b）]。因此，烧结态非晶样品的磨损表面相对更粗糙，也使得平均摩擦系数略高于铸态非晶合金 [图 6-7（a）]。对于烧结态金刚石强化复合材料，由于金刚石颗粒的强化作用，复合材料的磨损抗性在短距离磨损时（小于 100m）最为优异。随着磨损距离的增加，磨盘材料对烧结态复合材料的非晶基体的磨损机制与烧结态非晶合金材料相似，即形成犁沟和尺寸较大的磨屑。随着复合材料非晶基体的磨损、破坏，金刚石颗粒从非晶基体中脱落。由于金刚石的硬度高于磨盘材料的硬度，金刚石颗粒对磨盘材料同样起到摩擦磨损作用，形成细小的磨屑 [图 6-8（d）中 A 点]。随着磨损距离的增加，金刚石颗粒不断剥落，而后金刚石颗粒与磨盘脱落的磨屑同时作为样品与磨盘之间的第三种摩擦体，加快烧结态复合材料的磨损过程，导致复合材料的抗磨损性逐渐降低 [图 6-7（c）]。另外，脱落及在磨损过程中形成的磨屑使得烧结态复合材料的磨损表面最为粗糙，因此其平均摩擦系数最大 [图 6-7（a）]。

　　本章通过粉末冶金的方法，成功制备了金刚石颗粒增强 Ti 基非晶合金复合材料，并介绍了铸态非晶合金、烧结态非晶合金与烧结态金刚石强化复合材料的力学性能，包括维氏硬度、纳米硬度和压缩断裂强度。另外，本章还系统介绍了三种材料的干摩擦磨损行为，并对其磨损机制进行了分析，主要结论如下。

（1）采用放电等离子烧结的方法可以成功制备出大尺寸的金刚石颗粒增强 TiCuZrNiSn 非晶合金复合材料，复合材料中金刚石颗粒分布均匀，烧结态复合材料组织致密；烧结后非晶合金粉末仍保持非晶状态。

（2）铸态 Ti 基非晶合金与烧结态 Ti 基非晶合金的维氏硬度相近，但金刚石增强复合材料的维氏硬度明显高于前两者，为 6.87GPa。由于烧结态非晶合金中自由体积较少，其表现出比铸态非晶合金更高的纳米硬度值。室温压缩实验结果表明：由于金刚石颗粒的强化作用，复合材料的断裂强度明显高于单相非晶合金，可以达到 1850MPa。

（3）由于微观组织的不同，烧结态 Ti 基非晶合金表现出最为优异的抗磨损性能，而复合材料在短距离磨损条件下的抗磨损性最为优异，铸态非晶合金的抗磨损性随着磨损距离的增加而呈升高的趋势。

（4）根据不同的应用环境，研究人员可以选择使用铸态 Ti 基非晶合金、烧结态 Ti 基非晶合金及烧结态金刚石强化复合材料的不同性能，如硬度、强度、抗磨损性能等。

参 考 文 献

[1]   Choi P P，Kim J S，Nguyen O T H，et al. Ti$_{50}$Cu$_{25}$Ni$_{20}$Sn$_5$ bulk metallic glass fabricated by powder consolidation. Materials Letters，2007，61（23-24）：4591-4594.

[2]   Lin H M，Jeng R R，Lee P Y. Microstructure and mechanical properties of vacuum hot-pressing SiC/Ti-Cu-Ni-Sn bulk metallic glass composites. Materials Science and Engineering A，2008，493（1-2）：246-250.

[3]   Bae D H，Lee M H，Kim D H，et al. Plasticity in Ni$_{59}$Zr$_{20}$Ti$_{16}$Si$_2$Sn$_3$ metallic glass matrix composites containing brass fibers synthesized by warm extrusion of powders. Applied Physics Letters，2003，83（12）：2312-2314.

[4]   Lee J K，Kim H J，Kim T S，et al. Consolidation behavior of Cu-and Ni-based bulk metallic glass. Journal of Alloys and Compounds，2007，434-435：336-339.

[5]   Kim T S，Ryu J Y，Lee J K，et al. Synthesis of Cu-base/Ni-base amorphous powder composites. Materials Science and Engineering A，2007，449-451：804-808.

[6]   Xie G Q，Louzguine-Luzgin D V，Kimura H，et al. Large-size ultrahigh strength Ni-based bulk metallic glassy matrix composites with enhanced ductility fabricated by spark plasma sintering. Applied Physics Letters，2008，92（12）：121907.

[7]   Shin S，Song M S，Kim T S. Synthesis of diamond-reinforced Zr$_{60}$Al$_{10}$Ni$_{10}$Cu$_{15}$ metallic glass composites by pulsed current sintering. Materials Science and Engineering A，2009，499（1-2）：525-528.

[8]   王珊. 关于牙齿的硬度在教学中的思考. 中国医药指南，2011，9（18）：345.

[9]   Schuh C A，Hufnagel T C，Ramamurty U. Mechanical behavior of amorphous alloys. Acta Materialia，2007，55（12）：4067-4109.

[10]   Hofmann D C，Suh J Y，Wiest A，et al. Designing metallic glass matrix composites with high toughness and tensile

ductility. Nature，2008，451（7182）：1085-1089.

[11] Huang Y J，Shen J，Sun J F. Bulk metallic glasses：smaller is softer. Applied Physics Letters，2007，90（8）：081919.

[12] 何斌燕. 碳纳米管/Al 基非晶复合材料的制备及性能研究. 哈尔滨：哈尔滨工业大学，2011：55-56.

[13] Tariq N H，Hasan B A，Akhter J I，et al. Mechanical and tribological properties of Zr-Al-Ni-Cu bulk metallic glasses. Journal of Alloys and Compounds，2009，469（1-2）：179-185.

[14] Prakash B. Abrasive wear behaviour of Fe，Co and Ni based metallic glasses. Wear，2005，258（1）：217-224.

[15] Tam C Y，Shek C H. Abrasive wear of $Cu_{60}Zr_{30}Ti_{10}$ bulk metallic glass. Materials Science and Engineering A，2004，384（1-2）：138-142.

[16] Bhatt J，Kumar S，Dong C，et al. Tribological behaviour of $Cu_{60}Zr_{30}Ti_{10}$ bulk metallic glass. Materials Science and Engineering A，2007，458（1-2）：290-294.

[17] Fleury E，Lee S M，Ahn H S，et al. Tribological properties of bulk metallic glasses. Materials Science and Engineering A，2004，375-377：276-279.

第7章 Ti 基非晶/纳米晶多孔合金的 SPS 制备 及其性能

多孔材料作为一种具有独特性能的工程材料，兼具功能材料与结构材料的特点，它是一类在多个工业领域可以广泛应用的结构/功能材料[1]。目前研究较多的多孔材料有：多孔半导体材料、多孔塑料泡沫、多孔陶瓷、多孔金属材料等。这些材料具有共同的性能特点[1]，如较低的密度、较高的孔隙率、大的比表面积等。目前，多孔材料已被广泛应用于航空航天、环境保护、化学与化工、冶金、汽车、医药、建筑等领域，主要用于分离过滤、化学催化、隔音消音、吸震减震、热交换等各种用途，对多种民用工业及特种领域的发展起到了巨大的支撑作用[2]。

与传统的多孔晶态金属或合金材料相比，多孔非晶合金（porous metallic glasses，PMG）材料由于其独特的性能优势日益得到研究者的重视。多孔非晶合金材料主要的性能优势有高强度[3]、优异的耐腐蚀及耐磨损性[3]、低电导率（高电阻）及在过冷液相区中非晶合金的超塑性变形能力等[4, 5]。因此，多孔非晶合金在结构材料、功能材料等领域展现出巨大的应用前景。然而，在制备多孔非晶合金过程中，获得非晶态结构需要足够快的冷却速度，这极大地限制了多孔非晶合金样品的尺寸及形状[6]。传统铜模铸造工艺方法也增加了制备多孔非晶合金的成本，进而限制了其进一步工程应用[7]。

为了解决上述问题，研究者们采用多种成形方法制备多孔非晶合金材料[8, 9]。在众多方法中，粉末冶金工艺具有简单易行、效率高及材料近终成形等特点与优势[10]。但在气雾化制备预合金粉末过程中，由于氧元素及原材料中杂质的影响，所制备的粉末材料不是完全的非晶态[11]，较大尺寸的粉末由于冷却速度相对较慢而呈现非晶/纳米晶共存的凝固组织特征[12]。因此，为了制备完全非晶态样品，只有小尺寸粉末可以被利用到后续固结过程中，导致材料制备过程的利用率很低[13]。另外，与单一的非晶合金相比，由纳米晶增强的非晶合金基复合材料具有优异的力学性能[14]。综上所述，气雾化法制备预合金粉末的特点及非晶/纳米晶复合材料独特的性能优势启发我们：将气雾化过程自生的非晶/纳米晶复合粉末作为原料，采用粉末冶金固结工艺方案制备多孔非晶/纳米晶块体材料，可以将晶态多孔材料（高能量/声波吸收性）与非晶合金（高强度、低电导率）的性能优点相结合，制备出新型高性能多孔块体材料。

7.1　Ti 基非晶/纳米晶多孔合金的 SPS 制备与组织表征

在前面的研究基础上，基于差示扫描量热法曲线，气雾化 Ti 基非晶合金粉末具有宽大的过冷液相区，其玻璃化转变温度 $T_g = 423℃$，晶化温度 $T_x = 476℃$，过冷液相区 $T_x–T_g$ 即 $\Delta T = 53℃$。以 Ar 气雾化 Ti 基非晶/纳米晶复合粉末（0~150μm）为原材料，采用 SPS 方法，为了制备多孔 Ti 基非晶/纳米晶块体材料，避免粉末全致密过程的发生，选择低于玻璃化转变温度 T_g 的烧结温度 390℃、400℃、410℃、420℃分别对粉末材料进行烧结。在玻璃化转变温度以下，非晶合金的黏度较大，在烧结过程中粉末边界难以充分弥合，进而形成闭合孔洞。

采用阿基米德排水法对不同烧结温度下样品的烧结密度（致密度）进行测量，结果如表 7-1 所示。

表 7-1　烧结样品的密度

T（℃）	D（g/cm³）	P（%）
420	5.39	15.32
410	5.18	18.59
400	5.07	20.32
390	4.72	25.81

注：T 是烧结温度，D 是烧结密度，P 是孔隙度。

由表 7-1 可知：随着烧结温度的升高，样品的烧结密度呈逐渐增加的趋势；相应样品的孔隙度则随之降低。可见，烧结温度对于 Ti 基合金粉末的致密化过程起着决定性的作用；在一定范围内，温度越高，则致密化越完全。因此，适当降低烧结温度，有利于获得一定孔隙度的块体合金材料。

图 7-1 为气雾化 Ti 基非晶/纳米晶复合粉末及烧结态多孔块体材料的 X 射线衍射曲线。由曲线（A）可见，Ti 基非晶/纳米晶复合粉末的 X 射线衍射曲线由非晶相宽化的漫散射峰与尖锐的晶态相衍射峰叠加组成，这证明了粉末原材料非晶相与晶体相共存的本质特征。在气雾化过程中，小尺寸粉末由于冷却速度快而呈现完全非晶态特征；随着粉末尺寸增大，即冷却速度逐渐减小，粉末表现为非晶/纳米晶共存甚至完全晶态的组织特征。如上所述，以非晶/纳米晶复合粉末为原料，通过烧结过程中工艺参数的控制，如烧结温度、烧结压力、烧结时间等，可以得到致密的样品或未完全致密化的样品（即多孔材料）。在其他参数一定的情况下，烧结温度越高，原子迁移越快，所得的样品相对密度越好。因此，在选择的 4 个烧结温度下，所制备样品的孔隙度随烧结温度的升高而减小；下面主要以孔隙度作为主要参数，来评价、分析烧结态多孔样品的组织及性能（孔隙度均以相同成

分铜模铸造非晶样品密度作为 100%致密度进行参比）。由图 7-1 中曲线（B）~曲线（E）可以看出，烧结态非晶/晶态多孔样品的 X 射线衍射曲线与气雾化粉末差别不大，由非晶相漫散射峰与晶态相衍射峰叠加组成，这说明在玻璃化转变温度以下进行烧结时，非晶相可以被保存下来，没有明显晶化现象的发生。此外，基于 X 射线衍射标定，烧结多孔材料中的纳米晶态相可以被标定为四方结构的 CuTi 相、立方结构的 NiTi$_2$ 和四方结构的 Zr$_2$Ni 相。

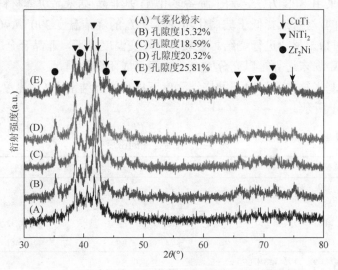

图 7-1　气雾化粉末及烧结态多孔材料 X 射线衍射曲线

　　图 7-2 给出了所采用的 Ti 基非晶/纳米晶粉末材料及烧结多孔块体样品（最小孔隙度 15.32%和最大孔隙度 25.81%）的微观组织形貌照片。

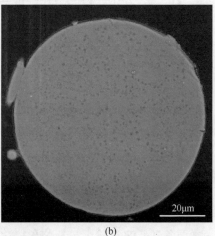

(a)　　　　　　　　　　(b)

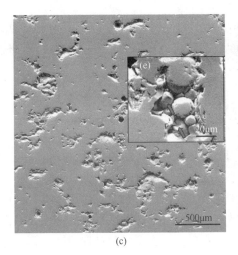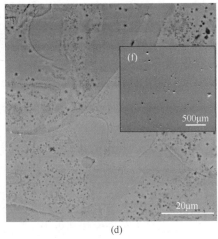

(c)　　　　　　　　　　　　　　　　(d)

图 7-2　气雾化粉末及烧结多孔材料微观组织形貌

（a）小尺寸粉末；（b）大尺寸粉末；（c）、（e）孔隙度 25.81%样品微观组织；
（d）、（f）孔隙度 15.32%样品微观组织

图 7-2（a）是氩气雾化小尺寸粉末横截面微观组织背散射电子照片，可见，小尺寸合金粉末由完全的非晶相组成，观察不到晶态析出相，对应于 X 射线衍射曲线中［图 7-1 曲线（A）］非晶相的漫散射峰，也进一步证明了小尺寸粉末的冷却速度较快。而对于大尺寸的气雾化粉末［图 7-2（b）］，其横截面凝固组织则呈现非晶相与纳米晶共存的特征。在背散射照片中可以清楚地看到，暗衬度的颗粒状纳米晶比较均匀地分布在相对较亮衬度的非晶基体中；纳米晶的尺寸细小，为几个纳米尺度。非晶/纳米晶复合粉末的微观组织也进一步证明了 X 射线衍射曲线中非晶/纳米晶共存的曲线特征，即漫散射峰与晶态衍射峰的叠加。

对于烧结态多孔 Ti 基非晶/纳米晶复合材料，图 7-2（c）给出了最大孔隙度（孔隙度为 25.81%）样品的微观组织形貌。可以看出：在样品的横截面上，已经部分发生致密化的粉末作为材料的"骨架"，还未发生致密化的部分则形成了孔洞；孔洞较均匀地分布在整个横截面上，孔洞尺寸为 50~200μm。

基于高倍下对孔洞的观察［图 7-2（e）］，尺寸较大的孔洞附近有较多粉末基本保持气雾化状态的球形特征，表明未发生致密化或致密化程度不够。尽管如此，一些球形粉末原料仍形成了烧结颈（如箭头所示），说明在烧结温度和烧结压力共同作用下，粉末原材料发生了一定的变形。随着孔隙度减小到 15.32%［图 7-2（d）、（f）］，只有少量尺寸较小且形状比较规则的闭孔出现在致密的基体组织中。通过高倍数下对组织的进一步观察，表明在烧结过程中，完全非晶态粉末［图 7-2（a）］与非晶/纳米晶复合粉末［图 7-2（b）］均发生了变形，非晶/纳米晶共存的复合组织形成了闭孔材料的骨架。但是，可以明显观察到合金粉末之间的原始颗粒边界还没有完全弥合，这进一步导致材料密度低于同成分铜模铸造非晶态材料而形成块体闭孔材料。

7.2　Ti 基非晶/纳米晶多孔合金的力学性能

对于多孔材料而言，其力学性能至关重要。力学性能较差的多孔材料容易在使用过程中被破坏，影响材料的使用寿命。多孔金属的力学性能主要受以下因素影响：①基体金属的性能；②材料的致密度（孔隙度）；③孔结构的类型（开孔或闭孔）；④孔结构的均匀性；⑤孔隙的大小等。另外，由于开孔材料与闭孔材料微观组织结构上的不同，其力学性能的差别很大：开口材料的变形主要是通过骨架材料的弯曲；而闭孔材料中除了骨架的弯曲外，孔壁对变形也起到了重要的约束作用[2]。

对于传统的晶态合金多孔材料，其力学性能特征一般为：强度相对较低，一般几十至一百兆帕左右。但在晶态多孔材料发生弹性变形后，一般会发生较大的塑性变形，而后发生断裂。为了评价烧结态 Ti 基非晶/纳米晶多孔材料的力学性能，采用室温压缩的方法对其进行了测试，其压缩应力-应变曲线如图 7-3（a）所示。可以看出：所有闭孔 Ti 基复合材料在弹性变形后即发生断裂，表现为典型的脆性断裂特征，没有明显的塑性变形。此外，闭孔复合材料的断裂强度随着孔隙度的增加而呈降低的趋势。在相同测试条件下对相同成分的铜模铸造非晶合金样品进行了压缩测试，其断裂强度可以达到 1650MPa。与铸态非晶合金相比，烧结态多孔 Ti 基非晶/纳米晶复合材料的断裂强度值较低，为 440～730MPa。尽管如此，由于复合材料中非晶相强度较高，闭孔复合材料的断裂强度仍然高于传统的晶态合金（如 Al 合金）及晶态多孔材料（通常低于 100MPa[15]）。

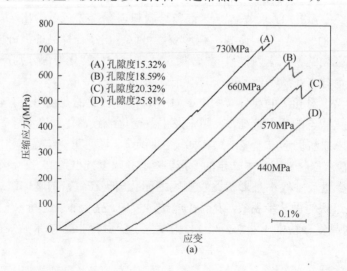

(a)

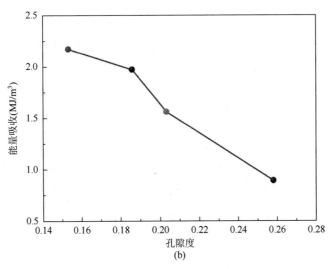

图 7-3　烧结多孔材料力学性能

（a）压缩应力-应变曲线；（b）能量吸收曲线

多孔材料的吸能性能通常可以采用两个参数来衡量[2]：一是多孔材料的吸能能力，即单位体积的多孔材料在发生破坏前所吸收的能量值，可由压缩应力-应变曲线与应变轴之间所包含的面积直接积分求得；二是多孔材料的能量吸收效率，即在相同的变形应变时，实际多孔金属的能量吸收与理想多孔金属的能量吸收的比值。如上所述，对于传统晶态多孔材料，尽管其断裂强度较低，但在其断裂前，多孔金属存在较大的塑性变形区间，受到应力冲击时可以通过材料的弹（塑）性变形、断裂将冲击能转变为应变能，因此具有良好的吸能性能与能量吸收效率[2]，进而可以通过大塑性变形等方式吸收大量的能量，作为缓冲材料而得到应用[16]。

对于烧结态多孔非晶/纳米晶复合材料，尽管断裂前没有大塑性变形，但其仍可以通过弹性变形的形式来吸收能量。更应注意的是，如图 7-3（a）所示，多孔 Ti 基非晶/纳米晶复合材料表现出远高于常规晶态多孔材料的断裂强度特征。因此，可以推断，烧结态闭孔复合材料会具有优异的能量吸收性能。对于多孔材料而言，其能量吸收可以基于应力-应变曲线，通过下面的公式进行计算[15]：

$$W = \int_0^{\varepsilon_0} \sigma(\varepsilon) \mathrm{d}\varepsilon \qquad (7\text{-}1)$$

式中，W——单位体积能量吸收值；

ε_0——试样在断裂前总应变；

$\sigma(\varepsilon)$——应力。

基于图 7-3（a），采用式（7-1）计算得到烧结态多孔 Ti 基复合材料能量吸收曲线如图 7-3（b）所示。由图 7-3（b）可知，烧结态多孔复合材料的能量吸收性能取决于压缩应力-应变曲线，即图 7-3（a）。图 7-3（b）也进一步证明了多孔复合材料可以通过弹性变形的方式来吸收能量、缓冲应力。本节中所制备的烧结态多孔 Ti 基非晶/纳米晶复合材料单位体积的能量吸收能力在 0.9～2.2MJ/m³ 范围内，具有与传统多孔 Al 合金相近的能量吸收性能（1.24～1.42MJ/m³，其测试条件为压缩应变速率 10^{-3}～$2600s^{-1}$）。

此外，对于全致密非晶合金（如铜模铸造非晶合金）而言，塑性变形能力较差被认为是限制其应用的瓶颈问题。而多孔非晶/纳米晶复合材料由于高强度、大弹性变形能达到与传统晶态多孔材料（低强度、大塑性变形）相当的能量吸收能力，为非晶态多孔及其复合材料在力学领域的应用提供了更多的选择空间。

7.3　Ti 基非晶/纳米晶多孔合金的声学性能

除了力学性能外，多孔材料在功能材料领域也同样具有优异的性能和良好的应用前景。通常情况下，多孔金属材料具有良好的吸声能力。多孔金属中存在非连续、非致密的孔隙，使声波的直线传播方向发生了改变，从而由散射等现象使其能量逐渐损失。此外，与致密材料相比，多孔金属材料内存在许多表面特征，在气流压力作用下彼此之间可以发生相对很短距离的位移，这种移动造成了内耗[17, 18]。多孔金属的吸声性能可以通过改变材料的特性来进一步改善，通常多孔材料的吸声系数可以通过增加多孔材料厚度、降低多孔材料密度、适当增大孔隙尺寸等方法而得到提高。针对实际的应用及工作环境，对于一定的吸声性能要求，结合防火、力学性能等综合指标考虑，多孔金属材料较传统的玻璃纤维类吸声材料具有更广阔的使用范围。

为了评价烧结态 Ti 基闭孔复合材料对声波的吸收性能，采用超声衰减实验对多孔材料的声波传播及声波能量耗散行为进行了评价，超声测量的仪器是 Olympus Panametrics-NDT，采用的是脉冲回波重合法，使用的超声频率是 20MHz。根据实验测定的横波波速和纵波波速，可计算出声波衰减系数[19]，其结果如表 7-2 所示。

表 7-2　铸态及烧结态材料的声学特征参数

D（g/cm³）	P（%）	v_l（km/s）	v_t（km/s）	α_l（dB/cm）	α_t（dB/cm）
6.36（铸态）	0	5.596	2.813	1.271	1.409
5.39	15.32	5.265	2.726	1.592	1.702
5.18	18.59	4.983	2.619	3.134	5.558
5.07	20.32	—	—	—	—
4.72	25.81	—	—	—	—

注：D 是密度，P 是孔隙度，v_l、v_t 分别是纵波和横波的波速，α_l、α_t 分别是纵波和横波的声波衰减系数。

由表 7-2 可见：孔隙度对烧结多孔复合材料的声学性能起决定性作用，纵波与横波在多孔材料中传播的波速均随材料孔隙度的增加而减慢。此外，纵波和横波的声波衰减系数随孔隙度的增加而急剧增大，说明多孔材料对声波传播的阻碍作用逐渐增强。特别值得注意的是，本节中孔隙度较大的两种多孔材料，由于在测试条件下对超声波吸收作用很强，因此无法得到相应的波速及声波衰减系数数据。以上结果说明，烧结态 Ti 基非晶/纳米晶多孔复合材料具有优异的声波吸收（屏蔽噪声）性能，且吸波性能远优于相同成分的铸态非晶合金材料。

为了更好地理解烧结态多孔复合材料声波吸收现象的本质，注意到固体材料中各种“非谐性”因素是造成声波在传播过程中被吸收现象的主要原因[19]。当声波在上述固态材料中传播时，声子会处在一种非平衡状态，从而引起能量的迅速耗散。因此，在多相/多孔材料中，声波吸收源于固体材料中非谐性因素引起的多重散射效应。对于烧结态多孔非晶/晶态复合材料而言，粉末之间的原始颗粒边界［图 7-2（f）］是一种主要的非谐性因素。未完全弥合的粉末边界可以改变声波的传播方向，使声子能量损失。此外，分散在非晶基体中的纳米晶（图 7-2）及非晶与纳米晶界面（图 7-2）同样是声波传播的非谐性因素，可以造成声波的多重散射，耗散声波能量。特别地，与纳米尺度的影响因素相比，微米尺寸的孔洞是超声波在多孔材料中衰减的主要因素。因此，随着烧结态复合材料孔隙度的增加，声波在材料中传播时散射现象增强，表现为更强烈的超声波衰减（吸收）现象。这正是多孔非晶/纳米晶复合材料具有比同成分铸态非晶合金更优异声波吸收性能的内在原因。

7.4　Ti 基非晶/纳米晶多孔合金的电学性能

与致密材料相比，多孔金属具有独特的导电性能，使其可以应用于非金属多孔材料（如多孔陶瓷等）所不能胜任的导电环境中（如作为电极材料）。此外，多孔金属的电导率由于大量非导电孔隙的存在及与电压降方向垂直排列的孔壁对导电性没有贡献等因素的影响，其电导率较无孔金属要低得多，具有一定的电阻性能。

为了研究烧结态多孔复合材料的导电行为,对材料的电导率性能进行了测试,实验结果如图 7-4 所示。由图 7-4 可以看出：随烧结态样品孔隙度的增加，其电导率呈逐渐降低的趋势，这说明多孔材料的孔隙特征是影响其导电行为的主要因素。具体说来，孔隙度最小的烧结多孔样品（孔隙度为 15.32%），其电导率最大，为 $0.55 \times 10^6 \Omega^{-1} \cdot m^{-1}$；而孔隙度最大的烧结多孔样品（孔隙度为 25.81%），其电导率最低，仅为 $0.40 \times 10^6 \Omega^{-1} \cdot m^{-1}$。除了微米尺度孔隙的影响外，粉末颗粒之间的原始颗粒边界、非晶/纳米晶复合组织特征及非晶/纳米晶界面同样会对电子运动起到有效的阻碍作用，使得烧结多孔复合材料的电导率低于单一组分材料。

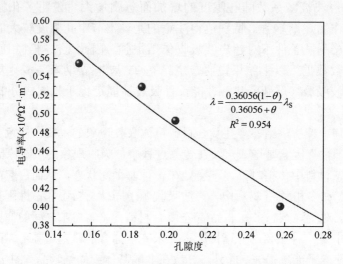

图 7-4　烧结多孔材料电导率与孔隙度的关系

对于多孔材料电导率的研究，许多研究者建立了不同的模型来描述多孔材料电导率与其孔隙度之间的关系[20]。对于闭孔材料而言，其电导率与孔隙度之间的关系可以用"Percolation"理论模型来描述[21]：

$$\lambda = \frac{2K(1-\theta)}{2K+\theta}\lambda_S \qquad (7-2)$$

式中，λ——多孔材料的电导率；

　　　λ_S——致密材料的电导率；

　　　θ——孔隙度（$0<\theta<1$）；

　　　K——由孔隙结构决定的常数（如球形孔洞时，$K=0.3$[12]）。

基于图 7-4 中烧结态 Ti 基非晶/纳米晶复合多孔材料电导率与孔隙度之间的实验关系，采用式（7-2）对数据点进行拟合，可以确定对于本节中烧结态多孔复合材料而言，K 和 λ_S 值分别为 0.18 和 $0.95\times10^6\Omega^{-1}\cdot m^{-1}$。另外，数据拟合的相关系数 $R^2=0.954$，说明拟合结果较好。将拟合数值代入式（7-2）中，即得到本节中多孔 Ti 基非晶/纳米晶复合材料电导率与孔隙度之间的关系：

$$\lambda = \frac{0.36(1-\theta)}{0.36+\theta}\lambda_S \qquad (7-3)$$

由式（7-3）可以看出，所制备烧结态多孔复合材料的电导率与孔隙度之间的关系符合"Percolation"理论模型。此外，根据式（7-3），可以通过控制烧结制备工艺参数的方法，来设计所需要得到的孔隙度，进而获得需要的导电性能的多孔材料。

　　如上所述，对于粉末冶金烧结方法制备多孔材料过程，直接控制的参数中，烧结温度是对预合金粉末致密过程最重要的影响因素之一。在过冷液相区中选择适当的烧结温度，可以获得全致密、高性能的块体合金材料。而在本节中，通过烧结温度的控制，可以获得非全致密，即一定孔隙度的 Ti 基非晶/纳米晶多孔材料。另外，多孔材料的孔隙度对于材料的性能起重要的决定性作用，如图 7-4 所示，多孔材料的导电性能依赖于材料的孔隙度。如何建立宏观制备过程中烧结温度与所获得多孔块体材料的性能（如导电性能等）之间的关系，对于设计、制备新型多孔材料具有重要的理论及实际意义。因此，为了评价烧结温度对 Ti 基非晶/纳米晶多孔材料导电性能的影响，建立了烧结温度对多孔材料电导率的影响关系曲线，如图 7-5 所示。由图 7-5 可见，在较低的烧结温度下，制备的多孔材料的致密性较差，孔隙度较大，由于大量非导电孔隙的存在，多孔材料的电导率较低；相反，烧结温度高，致密化过程相对较好，多孔材料孔隙度小，因此电导率较高。

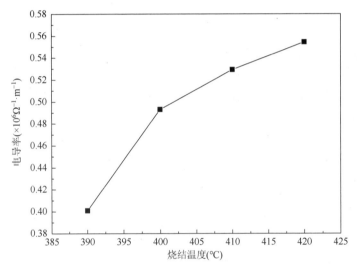

图 7-5　烧结多孔材料电导率与烧结温度的关系

　　基于上述分析，采用粉末冶金工艺路线制备闭孔合金材料，可以通过控制烧结工艺参数的方式来控制材料的孔隙特征，进而达到获得所需性能的多孔材料的目的。

　　本章通过粉末冶金的方法，控制烧结工艺参数（如烧结温度），成功制备了不同孔隙度的多孔 Ti 基非晶/纳米晶复合材料，并对比研究了同成分铸态非晶合金、烧结态多孔复合材料的力学性能及能量吸收特性。此外，介绍了多孔复合材料的声学及电学性能，并对其吸声及电阻性能机理进行了分析，主要结论如下。

　　（1）采用 SPS 方法可以成功制备出大尺寸的多孔 TiCuZrNiSn 非晶/纳米晶

复合材料，多孔复合材料中孔洞分布均匀，烧结后合金粉末中非晶相仍保持非晶状态。在不同的烧结温度下，所制备的多孔材料，其孔隙度在 15.32%～25.81% 范围内。

（2）与传统的晶态多孔材料相比，非晶/晶态多孔复合材料表现出高断裂强度、大弹性变形的力学性能特征，其压缩断裂强度可以达到 440～730MPa。由于断裂前大弹性变形，多孔复合材料可以吸收冲击能量，其能量吸收能力在 0.9～2.2MJ/m³ 范围内，与传统晶态 Al 基多孔金属材料的能量吸收性能相当。

（3）烧结态多孔材料的孔隙度对超声波吸收性能及电导率性能起决定性作用。此外，所制备的多孔材料中，粉末之间的原始颗粒边界、纳米晶颗粒及非晶/纳米晶界面对材料的吸声性能、导电性能也有着重要的影响。随孔隙度增加，超声波传播速度及声波衰减系数迅速增加，表现出优异的吸声性能；而电导率则呈逐渐下降的趋势。另外，非晶/晶态多孔复合材料的电导率与孔隙度之间的关系符合"Percolation"理论模型。

参 考 文 献

[1]　Lorna J G，Michael F A. 多孔固体结构与性能. 北京：清华大学出版社，2003.

[2]　李智伟. 镍基高温合金空心球多孔材料的制备与性能研究. 哈尔滨：哈尔滨工业大学，2008：1-5.

[3]　Jayaraj J，Park B J，Kim D H，et al. Nanometer-sized porous Ti-based metallic glass. Scripta Materialia，2006，55（11）：1063-1066.

[4]　Demetriou M D，Duan G，Veazey C，et al. Amorphous Fe-based metal foam. Scripta Materialia，2007，57（1）：9-12.

[5]　Wada T，Wang X M，Kimura H，et al. Preparation of a Zr-based bulk glassy alloy foam. Scripta Materialia，2008，59（10）：1071-1074.

[6]　Xie G Q，Fukuhara M，Louzguine-Luzgin D V，et al. Ultrasonic characteristics of porous $Zr_{55}Cu_{30}Al_{10}Ni_5$ bulk metallic glass. Intermetallics，2010，18（10）：2014-2018.

[7]　Xie G Q，Zhang W，Louzguine-Luzgin D V，et al. Fabrication of porous Zr-Cu-Al-Ni bulk metallic glass by spark plasma sintering process. Scripta Materialia，2006，55（8）：687-690.

[8]　Lee M H，Sordelet D J. Synthesis of bulk metallic glass foam by powder extrusion with a fugitive second phase. Applied Physics Letters，2006，89（2）：021921.

[9]　Demetriou M D，Schramm J P，Veazey C，et al. High porosity metallic glass foam：a powder metallurgy route. Applied Physics Letters，2007，91（16）：161903.

[10]　Liu Y，Niu S，Li F，et al. Preparation of amorphous Fe-based magnetic powder by water atomization. Powder Technology，2011，213（1）：36-40.

[11]　Lee M H，Sordelet D J. Nanoporous metallic glass with high surface area. Scripta Materialia，2006，55（10）：947-950.

[12]　Wang D J，Huang Y J，Shen J，et al. Effect of cooling rate on microstructure and deformation behavior of Ti-based metallic glassy/crystalline powders. Materials Science and Engineering A，2010，527（21-22）：5750-5754.

[13]　Din S，Chishti S Y. Synthesis and characterization of $Al_{40}Mg_{25}Zn_{35}$ amorphous powder by rapid solidification.

Powder Technology，2001，114（1-3）：51-54.

[14] Mondal K，Ohkubo T，Toyama T，et al. The effect of nanocrystallization and free volume on the room temperature plasticity of Zr-based bulk metallic glasses. Acta Materialia，2008，56（18）：5329-5339.

[15] Yi F，Zhu Z G，Zu F Q，et al. Strain rate effects on the compressive property and the energy-absorbing capacity of aluminum alloy foams. Materials Characterization，2001，47（5）：417-422.

[16] Gao Z F，Li Q Y，He F，et al. Mechanical modulation and bioactive surface modification of porous Ti-10Mo alloy for bone implants. Materials Design，2012，42：13-20.

[17] 王必勤. EPDM 发泡材料的制备及结构与性能研究. 上海：上海交通大学，2006：5.

[18] 未友国. 天然橡胶发泡复合材料的制备工艺与应用研究. 广州：暨南大学，2009：8.

[19] Bian Z，Wang R J，Pan M X，et al. Excellent wave absorption by zirconium-based bulk metallic glass composites containing carbon nanotubes. Advanced Materials，2003，15（7-8）：616-621.

[20] Liu P S，Li T F，Fu C. Relationship between electrical resistivity and porosity for porous metals. Materials Science and Engineering A，1999，268（1-2）：208-215.

[21] Feng Y，Zheng H W，Zhu Z G，et al. The microstructure and electrical conductivity of aluminum alloy foams. Materials Chemistry Physics，2002，78（1）：196-201.

第8章 典型 Al 基非晶/纳米晶合金粉末固结成形及其性能

8.1 Al 基非晶合金的特点

随着现代工业的发展，特别是航天航空工业的发展，人们对材料性能的要求越来越高，传统材料的性能限制导致其已不能满足这些要求。非晶材料作为一种新型材料，因其具有高强度、高耐磨性、高耐蚀性等优异的性能而成为各国材料研究者的研究热点。

其中，Al 基非晶合金虽然起步较晚，但因其低密度（约是 Ti 基非晶合金密度的 2/3）而受到各国科学家的关注，在航天航空工业、微电子工业等对高比强度材料的迫切需求下，Al 基非晶合金得到快速发展，有望在将来得到广泛应用。

与传统合金相比，Al 基非晶合金强度很高，大部分 Al 基非晶合金的强度都可达到 1000MPa，有的甚至可达 1300MPa[1]，大大高于传统 Al 合金的强度，达到了合金钢的强度水平。而其密度不到钢材的一半，因而比强度很高。此外，非晶态 Al 合金兼备了良好的耐腐蚀等特点，具有优异的综合性能。

虽然 Al 基非晶合金具有优异的力学性能，但是目前仍未大规模地工业应用，限制因素主要有两点：①Al 基合金的玻璃形成能力及热稳定性较差，制备的非晶合金一般也以条带和粉末为主，难以成形大块 Al 基非晶材料。此外，Al 基非晶合金的过冷液相区范围相对较窄，通常只有 10~20K，上述因素造成其制备成形困难。②常规方法制备的 Al 基非晶合金，其室温下的塑性变形具有不均匀性，因而容易脆性断裂。上述缺点，造成 Al 基非晶合金难以进一步应用。

近代科学研究发现，粉末冶金工艺能够突破非晶合金成形的尺寸限制，制备出大块非晶合金材料，同时粉末冶金具有近净成形的工艺特点也易于制备非晶合金成形件。此外，粉末冶金制备非晶复合材料可以改变基体材料的微观组织，在复合粉末致密化过程的同时，形成增强相呈一定形态分布于基体中的形貌特征，从而获得优异的性能。因此应用粉末冶金的方法，可以制备出力学性能优异的大块非晶合金及其复合材料，提高单一合金的塑性变形能力。

非晶合金是介于传统晶态和液态之间的一种存在方式，具有长程无序而短程有序的空间原子结构，非晶合金所独有的一个特点是其具有一个过冷液相区，即玻璃化转变温度（T_g）和晶化温度（T_x）之间的温度区间。这个温度区间的存在，使得非晶合金发生晶化之前先进入玻璃态，在玻璃态时，合金能保持如同冻住的液态的结构特征，具有一定黏度，可以发生流动，这使粉末冶金制备大块非晶合金材料成为可能。传统粉末冶金工艺中的烧结方法可以实现部分玻璃形成能力较强的非晶合金的制备。然而，Al 基非晶合金过冷液相区较窄，热稳定性较差，受热后易发生晶化，故需要在常规粉末冶金工艺基础上，开发适用于 Al 基非晶合金等易相变、难变形粉体材料的新型固结工艺。

综上所述，本章在 SPS 烧结制备 Al 基非晶/纳米晶合金的基础上，采用了一种冷态的粉末固结工艺——冷静液机械压制工艺，对 Al 基非晶合金粉末进行固结成形。冷静液机械压制成形工艺是粉末冶金工艺中的一种，其特点之一是冷态成形，可以避免非晶粉末的晶化现象；特点之二是运用液体介质对粉末进行三向等压压制，从而提高粉末的变形固结能力。

为了进一步提高得到的 Al 基大块非晶合金的力学性能，可以采用外加复合的方式，在 Al 基非晶合金粉末中添加一定比例的强化相粉末进行固结，通过不同的配比，探究 Al 基非晶复合材料致密性对组织性能的影响规律。

8.2　典型 Al 基非晶/纳米晶合金粉末的 SPS 烧结

对于 Al 基非晶合金的研究进展，20 世纪 80 年代的研究结果表明：在三元合金体系中，可以制备出完全的 Al 基非晶合金。例如，日本教授 Inoue 等[2]于 1987 年采用单辊旋淬法成功制备出了 Al-Ni-Si 和 Al-Ni-Ge 系列非晶合金，该非晶合金具有优异的塑性变形能力。1988 年，美国的 He 等[3]也研发了 Al 基非晶合金，引起广大研究者浓厚的兴趣。直到 2009 年，王建强和张海峰课题组分别制备了 Al 原子百分比达到 86%和 85.5%的 1mm 非晶合金棒材，才使得 Al 基非晶合金成为块体非晶合金中的一员[4, 5]。至此，Al 基非晶合金难以达到毫米级的困难有了实质性的突破。表 8-1 列出了 Al 基非晶合金的主要研究进展。

表 8-1　Al 基非晶合金的主要研究进展

合金成分	临界尺寸（mm）	参考文献
$Al_{86}La_5Ni_9$	0.78	[6]
$Al_{40}La_{35}Y_{10}Ni_{15}$	1	[7]
$Al_{86}Ni_8Y_6$	0.6	[4]
$Al_{86}Ni_6Co_2Y_6$	0.85	[4]
$Al_{86}Ni_7Y_5Co_1La_1$	1	[4]
$Al_{86}Ni_7Y_{4.5}Co_1La_{1.5}$	1	[4]
$Al_{86}Ni_6Y_{4.5}Co_2La_{1.5}$	1	[4]

如上所述，采用铜模铸造的方法，目前所能制备的 Al 基非晶合金的最大尺寸为 1mm。从应用的角度而言，还需要进一步突破 Al 基非晶合金制备尺寸瓶颈。另外，采用可控非晶晶化法可以制备高性能纳米晶合金材料，其所获得的纳米级晶粒，是采用其他工艺方法很难获得的[8]。因此，采用粉末冶金雾化制粉工艺，制备 Al 基非晶/纳米晶合金粉末，而后结合 SPS 方法，可以制备出大尺寸、高性能的纳米晶 Al 合金。

本节选取 $Al_{85}Ni_{10}Ce_5$（原子百分比）合金成分，采用 Ar 气雾化方法制备了 Al 基非晶/纳米晶合金粉末，其外观形貌及 X 射线衍射曲线如图 8-1 所示。

图 8-1　气雾化 Al 基非晶/纳米晶合金粉末外观及 X 射线衍射曲线

由图 8-1 可见：气雾化 Al-Ni-Ce 合金粉末颗粒大多数呈规则的球形，少数尺寸较大的粉末周围依附有小尺寸的粉末颗粒。另外，部分粉末颗粒表面可以明显观察到凝固收缩的痕迹，而部分相对较小尺寸的粉末表面则比较光滑。由 X 射线衍射曲线可见：气雾化 Al-Ni-Ce 合金粉末衍射图上可以清楚地观察到非晶相的漫散射特征。此外，大量来源于晶体相的尖锐衍射峰也比较明显，进一步说明本节气雾化所制备合金粉末的微观组织为晶态相与非晶相共存。

在 SPS 前，对所制备的 Al-Ni-Ce 非晶/纳米晶合金粉末的热稳定性进行了研究。在退火升温过程中，当加热速率不同时，Al-Ni-Ce 合金粉末的晶化开始温度和晶化峰值温度都会发生明显的变化。图 8-2（a）为 Al-Ni-Ce 合金粉末在不同加热速率下的热分析曲线图，由图 8-2（a）可知，加热速率越快，晶化开始温度（T_x）和晶化峰值温度（T_{p1} 为第一峰值温度，T_{p2} 为第二峰值温度）呈现逐渐增加的趋势。随着加热速率的增加，晶化放热峰的位置及范围、放热热焓值也有一定的变化。

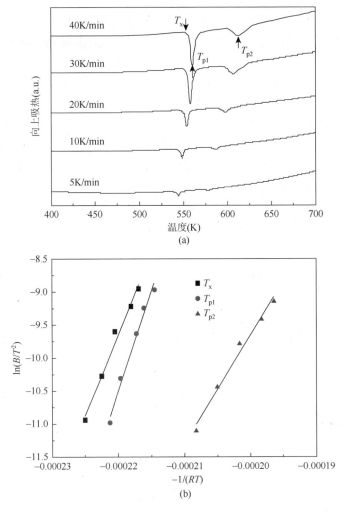

图 8-2　Al-Ni-Ce 合金粉末热分析结果

（a）不同加热速率差示扫描量热法曲线图；（b）不同加热速率晶化温度与晶化峰值温度拟合图

非晶相的放热峰值温度与加热速率之间的关系可以用 Kissinger 公式来计算[9]：

$$\ln\left(\frac{B}{T^2}\right) = -\frac{E}{RT} + C \tag{8-1}$$

式中，B——加热速率（K/min）；

　　　T——特征温度（K）；

　　　E——晶化激活能（kJ/mol）；

　　　R——摩尔气体常量；

　　　C——常数。

本节中热分析仪器所使用的保护气体为氮气，其摩尔气体常量为 8.314kJ/mol，C 为常数。根据实验结果及 Kissinger 公式，可以通过拟合的方法获得 Al-Ni-Ce 合金粉末的晶化反应激活能，图 8-2（b）所示为 Al-Ni-Ce 合金粉末在不同加热速率下晶化温度与晶化峰值温度的拟合结果。为了获得晶化激活能，先需要确定在不同加热速率下的晶化温度与晶化峰值温度值 [图 8-2（a）]，而后将不同加热速率下的晶化温度和晶化峰值温度分别代入式（8-1），再通过拟合方法求出合金粉末的晶化激活能。根据 Kissinger 公式求得 Al-Ni-Ce 合金粉末的晶化激活能 E_x 为 246.6kJ/mol、E_{p1} 为 302.0kJ/mol、E_{p2} 为 163.2kJ/mol。对于非晶合金而言，晶化激活能的大小，表示其在晶化过程中需要克服的能量势垒的强弱。一般而言，晶化激活能越大，说明非晶合金晶化越困难，其热稳定性越高，反之亦然。

为了获得高性能的 Al 基合金材料，在烧结过程中不但要保证高的烧结密度，同时要控制烧结条件，获得纳米级的晶粒。因此，在烧结过程中，工艺参数主要特征为：①相对快的升温速率；②避免大的温度扩充；③相对低的烧结温度与短的烧结时间。另外，烧结压力的增加有利于在更低的烧结温度及更短的烧结时间下获得高致密的块体材料。综上，在 630K 的烧结温度下，采用阶梯升温方法（室温至 600K 升温速率为 120K/min；600～630K 升温速率为 60K/min），在 300MPa 烧结压力下，烧结 1.5min，获得 Al-Ni-Ce 块体合金材料，样品尺寸为直径 20mm，高度 7mm。

8.2.1　烧结 Al 基非晶/纳米晶合金的微观组织

Al-Ni-Ce 烧结合金扫描电子显微镜微观组织如图 8-3（a）所示，可以看出：烧结微观组织致密，观察不到明显的孔洞；说明在所采取的烧结条件下，Al-Ni-Ce 合金粉末已经发生了致密化过程。另外，球形的合金粉末在烧结压力的作用下，发生了明显的变形（箭头所示），其截面变为了椭圆形，也证明了大的烧结压力有利于致密化过程的发生。

如前所述，温度在促进合金粉末致密化的同时，也会引起非晶相的结构弛豫，即由非晶相向晶态相转变。因此，烧结过程包含了同时发生的致密化及晶化。将上述 Al-Ni-Ce 合金粉末的晶化激活能与扩散激活能进行比较，结果表明：扩散激活能（Q_D 约为 144.53kJ/mol，即约为 1.5eV[10]）要小于晶化激活能。也就是说，在 Al-Ni-Ce 合金粉末烧结过程中，由原子扩散引起致密化的过程首先发生；而后当能量大于晶化激活能时，晶化现象才随之发生。一旦晶化现象出现后，非晶相中的黏度会急剧增加，使得后续的致密化过程受到影响 [图 8-3（a）中圆圈所示处纳米级孔洞仍然存在]。采用阿基米德排水法测得本节烧结 Al-Ni-Ce 合金的密度为 3.46g/cm^3，与相同成分铸态合金的密度相比，烧结相对密度大于 99.1%。此外，

SPS 过程中，在粉末之间的三叉交界处会形成局部高温，也会进一步促进合金粉末中非晶相的晶化过程，形成纳米级的晶粒层［如图 8-3（a）中虚线所示］。

图 8-3（b）所示为 Al-Ni-Ce 烧结合金透射电子显微镜微观组织。可以看出：烧结后合金中存在大量的纳米尺度的晶化相，晶化相的尺寸范围在几纳米至几十纳米。另外，图 8-3（c）中 X 射线衍射曲线已经观察不到非晶相漫散射峰的特征，取而代之的是大量晶态相尖锐的衍射峰；图 8-3（c）插图中差示扫描量热法曲线同样观察不到非晶相的放热峰特征，也进一步证实了烧结后样品完全由晶态相组成。根据 X 射线衍射标定结果，晶体相主要为 Al、Al_3Ni 及 Al_4Ce 结构。根据 X 射线衍射的 Scherrer 公式，可以估算出晶体相的平均尺寸约为 26.3nm，也证

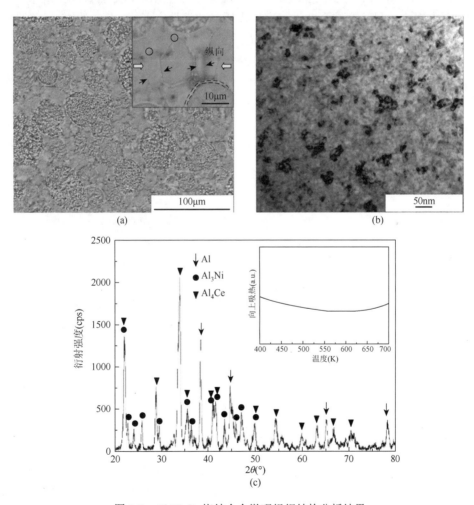

图 8-3　Al-Ni-Ce 烧结合金微观组织结构分析结果

（a）扫描电子显微镜微观组织；（b）透射电子显微镜微观组织；（c）X 射线衍射曲线及差示扫描量热法曲线

实了透射电子显微镜的观察结果。本节所采用的大烧结压力可以抑制原子的长程扩散，从而有助于有效制约晶体相的长大。因此，采用相对更大的烧结压力，有利于获得尺寸细小的纳米晶合金材料。

8.2.2　烧结 Al 基非晶/纳米晶合金的力学性能

进一步地，对烧结态 Al-Ni-Ce 纳米晶合金的室温压缩性能进行了测试，在不同方向上对合金样品进行了取样，其压缩应力-应变曲线如图 8-4 所示。可见，不同方向上所取样品的力学性能基本一致，说明烧结态 Al-Ni-Ce 合金的微观组织及性能比较均匀。尽管烧结合金没有表现出明显的塑性变形，但其在约 2%的弹性变形后，显示了较普通铝合金更高的断裂强度（约 1.1GPa）。

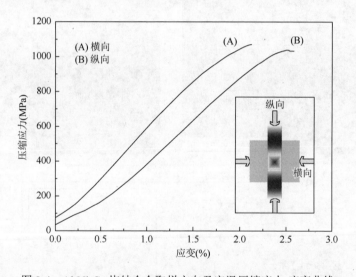

图 8-4　Al-Ni-Ce 烧结合金取样方向及室温压缩应力-应变曲线

为了比较本节所制备纳米晶铝合金与其他铝合金的力学性能，表 8-2 列举了几种铝合金的成分、样品尺寸、物相组成及强度值。显而易见，尽管采用传统铸造方法可以获得非晶态 Al 合金，但其 1mm 的临界尺寸严重限制了其实际应用。而本节采用粉末冶金工艺路线，可以制备大尺寸的合金材料。虽然由于 Al 基非晶合金的形成能力及热稳定性相对较弱，Al 基非晶/纳米晶合金粉末在烧结过程中发生了晶化，但从力学性能应用角度来看，本节所制备的 Al 基纳米晶合金的强度与铸造 Al 基非晶的强度值相当。此外，本节所制备 Al 基纳米晶合金的比强度达到了 3.18×10^5Nm/kg，要优于大多数工程合金材料[4]。

表 8-2 典型铝基合金的成分、样品尺寸、物相组成及强度

合金成分	尺寸	物相	强度（MPa）	参考文献
$Al_{85}Ni_{10}Ce_5$	$\phi20mm\times6mm$	纳米晶	1100	本章工作
$Al_{85.5}Ni_{9.5}La_5$	$\phi1mm\times9mm$	非晶	950	[11]
$Al_{40}La_{35}Y_{10}Ni_{15}$	$\phi1mm\times$长度	非晶	1300	[11]
$Al_{86}Ni_7Y_{4.5}Co_1La_{1.5}$	$\phi1mm\times30mm$	非晶	1050	[11]

对烧结态 Al 基纳米晶合金的断口形貌进行观察，如图 8-5 所示。可以看到：断口表面粗糙不平，呈多级台阶状特征，说明裂纹扩展受到了严重的阻碍，样品在断裂前吸收了大量的能量。另外，在一些台阶上还可以看到脉状纹路特征，也证明在断裂前样品变形十分剧烈。

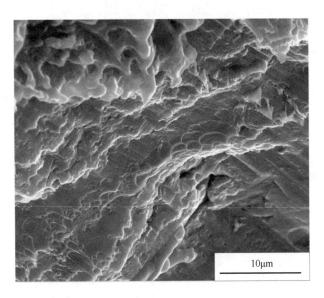

图 8-5 Al-Ni-Ce 烧结合金断口形貌

8.3 典型 Al 基非晶/纳米晶合金粉末冷静液机械压制成形

冷静液机械压制法是一种新型的合金粉末冷态压制成形方法，它将传统冷态模压高压力的优点与冷等静压组织性能均一的优点相结合。对非晶形成能力相对较弱的 Al-Ni-Ce 合金粉末进行冷静液机械压制，除了可以获得高致密、性能优异的合金材料外，还可以避免高温烧结温度场造成的非晶相的晶化，保留非晶相组织特征。

8.3.1　冷静液机械压制成形原理

基于传统冷态模压成形及冷等静压工艺的特点，王东君课题组自主研发了冷静液机械压制成形装置。该装置兼具模压的轴向高压力变形及冷等静压微观组织均一的特点，冷静液机械压制的原理图如图 8-6 所示[12]。

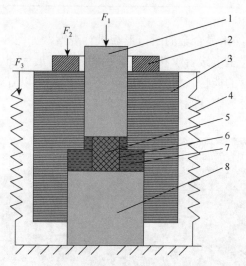

图 8-6　粉末冷静液机械压制成形装置原理示意图[12]

1. 上压头；2. 弹性环；3. 高压容器；4. 拉簧；5. 粉末；6. 粉末包套；7. 液体；8. 下压头；F 表示力

冷静液机械压制成形方法主要原理如下[13]：当外力作用于上压头时，封闭腔体内的工作液体和粉末包套一起被压缩，工作液体静压上升，在高压容器阶梯面处，高压容器受到方向向上的液体浮力，当液体静压达到一定数值时，高压容器在液体浮力的作用下会向上运动，高压容器上半腔体内的部分工作液体将会流入直径更大的下半腔体内，上下压头间距会相应减小，因此可以实现对粉末包套轴向不断压制变形。

8.3.2　冷静液机械压制 Al 基非晶/纳米晶合金的组织与性能

在采用冷静液机械压制制备 Al 基非晶/纳米晶合金基础上，利用粉末冶金工艺制备复合材料的优势，分别添加金刚石颗粒及 Ti 基非晶合金粉末，对 Al 基非晶/纳米晶合金进行强韧化。

采用行星式球磨机进行低能球磨将 Al 基合金粉末与金刚石颗粒粉末混合，混粉条件参数为：选用不锈钢球磨罐和磨球，球磨罐转速为 400r/min，球料比为 5∶1，混粉时间 6h。本节所添加的金刚石颗粒强化相的体积分数有所不同，分别为 5%、10% 和 15%。待粉末混合均匀后，对金刚石颗粒增强 Al-Ni-Ce 非晶合金复合粉末进行冷静液机械压制成形。

如图 8-7 所示为 Al-Ni-Ce 合金粉末及不同金刚石颗粒含量的 Al 基非晶合金复合材料的 X 射线衍射花样，可以看出：与未添加金刚石颗粒的粉末相比，添加金刚石颗粒的复合材料冷静液机械压制后 X 射线衍射曲线没有明显的变化，即冷静液机械压制固结成形可以保留非晶相，而冷态压制的大块复合材料表现出晶态与非晶复合的微观组织特征。

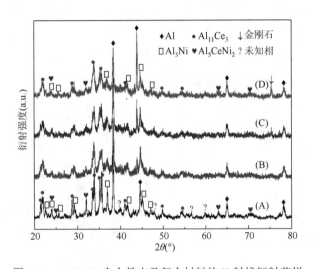

图 8-7 Al-Ni-Ce 合金粉末及复合材料的 X 射线衍射花样

（A）合金粉末；（B）添加 5% 金刚石颗粒复合材料；（C）添加 10% 金刚石颗粒复合材料；
（D）添加 15% 金刚石颗粒复合材料

图 8-8（a）～（d）所示为不同金刚石颗粒含量的 Al-Ni-Ce 非晶合金复合材料的扫描电子显微镜图片。可以看出：金刚石颗粒含量为 0 的 Al-Ni-Ce 冷压合金表现出非晶相与晶体相共存的组织特征 [图 8-8（a）]，即衬度均一的非晶相与不同衬度的纳米/微米晶态相共存。尽管此合金微观组织比较致密，但原始雾化合金粉末的球形特征在冷压后被保留了下来。另外，仍有少量微小孔洞存于合金材料中。为了分析该合金中非晶相的含量，基于差示扫描量热法热分析，比较了该材料的晶化放热焓与同成分完全非晶态粉末的晶化放热焓，可确定该合金中非晶相含量为 51% 左右。对于添加 5% 金刚石颗粒的复合材料 [图 8-8（b）]，可以观察到金刚石颗粒分布于 Al 基合金粉末原始颗粒边界处。另外，已经观察不到明显的孔洞，而发生了一定变形的粉末成为微观组织的主要组成部分。当金刚石颗粒

含量增加至 10%时 [图 8-8（c）]，微观组织特征与图 8-8（b）相似，但一些区域粉末原始颗粒边界已经观察不到，而粉末变形特征则更加明显。图 8-8（d）为金刚石颗粒含量 15%复合材料微观组织，可见：大量金刚石颗粒团聚偏析于原始合金粉末边界处，说明此金刚石含量较高，另外低能球磨混粉效果不好。

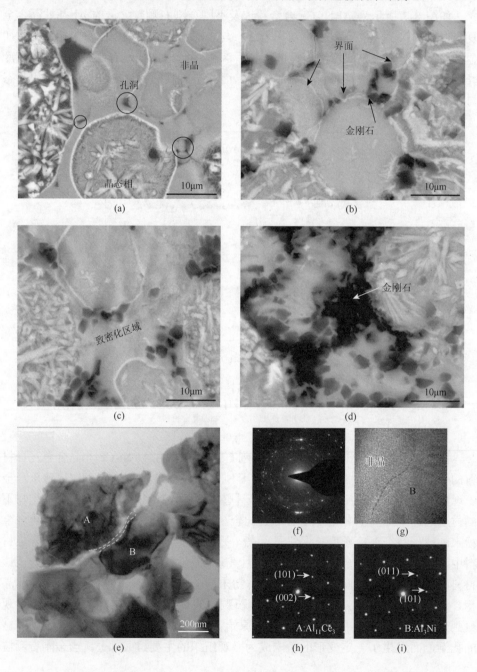

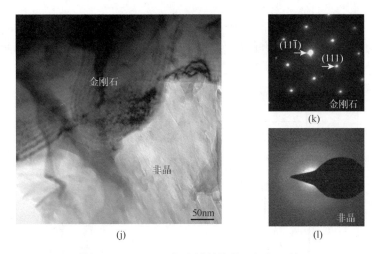

图 8-8　Al-Ni-Ce 复合材料的微观组织形貌

（a）未添加金刚石；（b）添加 5%金刚石颗粒复合材料；（c）添加 10%金刚石颗粒复合材料；（d）添加 15%金刚石颗粒复合材料；（e）未添加金刚石合金的透射电子显微镜明场像；（f）相应选区电子衍射；（g）图（e）中 A、B 两相界面处高分辨透射电子显微镜形貌；（h）、（i）A、B 两相选区电子衍射图；（j）添加 10%金刚石颗粒复合材料的透射电子显微镜明场像；（k）、（l）金刚石颗粒与合金基体选区电子衍射图

图 8-8（e）为未添加金刚石合金的透射电子显微镜明场像，图 8-8（f）为相应选区电子衍射谱。可以看出：复合材料中晶态相呈多晶组织特征，两个典型晶态颗粒分别标记为"A"和"B"；在颗粒 A 和 B 之间存在一个约 20nm 的界面相，图 8-8（g）为其高分辨透射电子显微镜形貌，可见界面相为非晶相组织特征。根据选区电子衍射结果［图 8-8（h）、（i）］，可以确定颗粒 A 和 B 分别为 $Al_{11}Ce_3$ 结构相和 Al_3Ni 结构相。图 8-8（j）为金刚石颗粒含量 10%的复合材料的透射电子显微镜明场像，可以观察到金刚石颗粒嵌于非晶相基体中，两者界面结合良好。另外，由选区电子衍射图［图 8-8（k）、（l）］可以进一步证明金刚石与非晶相的结构特征。

图 8-9 所示为添加不同体积粉末金刚石颗粒 Al-Ni-Ce 复合材料的室温压缩应力-应变曲线。可以发现：随着增强相颗粒含量的增加，Al-Ni-Ce 非晶合金复合材料的压缩强度呈先升高再降低的趋势。当增强相颗粒的含量为 10%时，其压缩强度最大，约为 1200MPa。随着增强相金刚石颗粒含量继续增加至 15%，Al-Ni-Ce 非晶合金复合材料的强度反而下降。值得注意的是，金刚石增强相含量分别为 0%及 10%的复合材料在压缩时发生了明显的塑性变形。而金刚石颗粒含量 15%的样品，没有表现出压缩塑性，而呈现为脆性断裂，这是过多的金刚石增强相颗粒偏聚于原始粉末边界处所致。综上所述，可以看出，金刚石增强相颗粒对非晶合金复合材料的强韧化作用主要有：①增强相颗粒自身的强化作用；②增强相颗粒与基体粉末边界处存在的应力集中导致的弱化作用。复合材料的强韧化效果由上述作用共同决定，因此，当增强相颗粒含量为 10%时，复合材料具有优异的综合力

学性能。而增强相继续增加至 15%时，颗粒偏聚作用，引起严重的应力集中，在强度变化不大的情况下，严重恶化了复合材料的塑性。此外，图 8-9 插图为采用冷静液机械压制方法近净成形的齿轮形坯件，也证明了采用粉末冶金工艺方法可以近净成形获得一定形状及尺寸的零件。

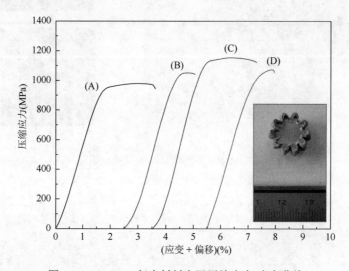

图 8-9　Al-Ni-Ce 复合材料室温压缩应力-应变曲线

（A）未添加金刚石；（B）添加 5%金刚石颗粒复合材料；（C）添加 10%金刚石颗粒复合材料；（D）添加 15%金刚石颗粒复合材料；插图为采用冷静液机械压制方法近净成形的齿轮形坯件

图 8-10（a）、（b）分别为未添加金刚石及添加 10%金刚石颗粒复合材料的断口扫描电子显微镜照片。可以看出：增强相颗粒含量为 0%的复合材料的断口平坦、光滑，呈现出水流状的特征。而当增强相颗粒含量增加为 10%时，断口形貌十分褶皱，可以观察到错落相间的阶梯状形貌。这是由于添加了增强相颗粒，在变形过程中有效地阻碍了裂纹的扩展，从而消耗了大量的变形能量。此外，为了进一步分析金刚石颗粒的强韧化作用，图 8-10（c）为金刚石颗粒与非晶基体之间的高分辨透射电子显微镜形貌，可见在冷静液机械压制过程中，在金刚石颗粒与非晶基体相之间由于大变形而形成了一种界面层相，标记为 I 相。通过对图 8-10（c）中区域 A 的傅里叶变换处理 [图 8-10（d）]，可以确认金刚石的立方结构特征。而对图 8-10（c）中区域 B 进行反傅里叶变换，如图 8-10（e）所示，界面层 I 相为非晶态，其与金刚石颗粒之间界面没有明显边界区分，说明两相之间界面结合牢固，这也是导致金刚石颗粒对 Al 基非晶/纳米晶合金起到强韧化作用的重要原因。

类似地，将前面所使用的 TiCuZrNiSn 非晶合金粉末作为强化相，与 Al-Ni-Ce 合金粉末混合后进行冷静液机械压制成形，所添加 Ti 基非晶合金粉末含量为 5%与 15%。

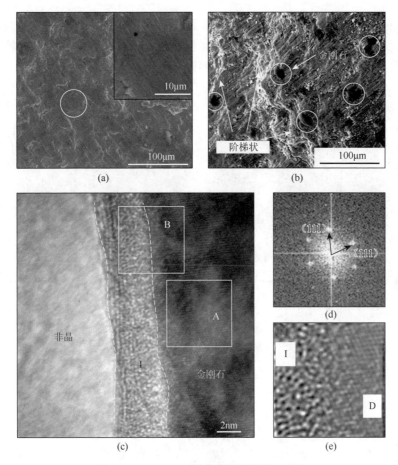

图 8-10　Al-Ni-Ce 复合材料压缩断口形貌

（a）未添加金刚石；（b）添加 10%金刚石颗粒复合材料；（c）添加 10%金刚石颗粒复合材料高分辨透射电子显微
镜形貌；（d）区域 A 的傅里叶变换图；（e）区域 B 的反傅里叶变换图

图 8-11 为不同 Ti 基非晶粉末添加量的 Al 基合金的扫描电子显微镜照片，可知冷静液机械压制后的 Al 基非晶复合材料基本保留了粉末的形态。图 8-11（a）为没有添加 Ti 基非晶粉末的 Al 基复合材料，可以看到粒径较大的颗粒有明显的枝晶等晶态组织，粒径较小的颗粒则为无序的非晶态结构，样品组织致密，孔洞较少，但粉末之间的原始颗粒边界仍然存在。图 8-11（b）为添加了 5% Ti 基非晶粉末的 Al 基复合材料组织照片，从图 8-11（b）中可以观察到 Ti 基颗粒（由于平均原子序数较大而呈白色衬度相）呈现无序的非晶态结构，即压制过程中 Ti 基非晶增强相没有发生晶化现象，而基体 Al 合金粉末也和原始的粉末相似，大尺寸颗粒为晶态，小尺寸颗粒为非晶态，样品组织致密，Ti 基粉末均匀分布在基体中。图 8-11（c）为添加了 15% Ti 基非晶粉末的 Al 基复合材料的微观组织，与图 8-11（b）

相似，增强相 Ti 基非晶颗粒和基体 Al 基合金粉末在压制完成后都保留了原始粉末的形貌特征。值得注意的是，当 Ti 基粉末含量达到 15%时［图 8-11（c）］，较多的 Ti 基合金粉末在 Al 基合金粉末原始颗粒边界处存在一定聚集的趋势。

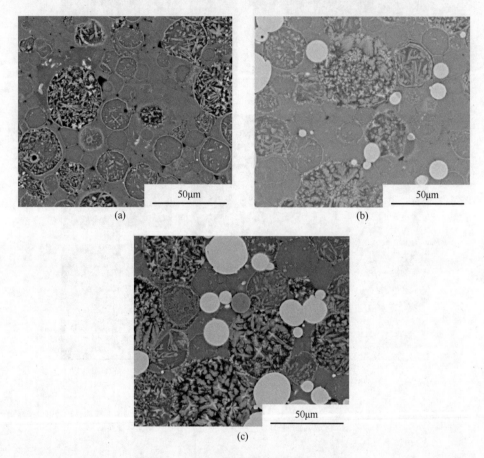

图 8-11　Al-Ni-Ce 复合材料微观组织形貌

（a）未添加 Ti 基非晶合金粉末；（b）添加 5% Ti 基非晶合金粉末；（c）添加 15% Ti 基非晶合金粉末

　　图 8-12（a）为添加了 5% Ti 基非晶粉末的 Al 基复合材料的透射电子显微镜明场像，可见合金中含有宽度约为 500nm 的晶体带，纳米晶尺寸细小，约为几十纳米。从图 8-12（b）（高分辨透射电子显微镜）中可以明显看到，合金由晶体相 1、3 区与非晶相 2 区组成。晶体相区呈原子有序排列特征，而非晶相区原子分布随机、混乱。对区域 1 进行选区电子衍射，得到图 8-12（c）所示衍射花样，对其标定可以确定典型的晶体相为 FCC-Al、Al_3Ni、Al_5CeNi_2、$Al_{11}Ce_3$。而区域 2 的选区电子衍射图［图 8-12（d）］则呈现非晶相的漫散射环特征，这表明区域 2 为

无序的非晶态组织。此外，由图 8-12（b）还可以看出晶体相与非晶相之间紧密地结合在一起，界面结合牢固，说明冷压过程中，粉末之间结合良好，形成的块体非晶复合材料致密性很好。

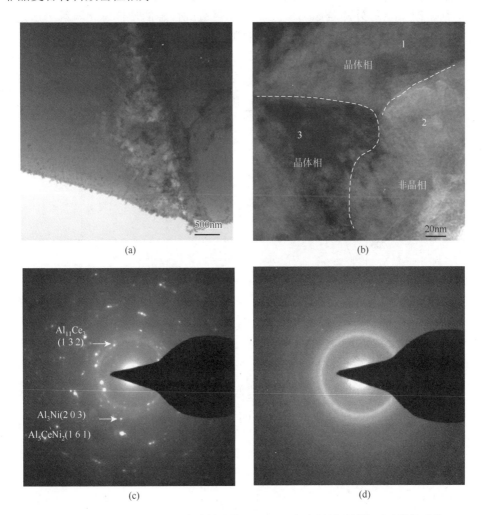

图 8-12　添加 5% Ti 基非晶合金粉末的 Al-Ni-Ce 复合材料透射电子显微镜形貌

（a）微观形貌；（b）非晶相与晶态相界面；（c）晶态相选区电子衍射；（d）非晶相选区电子衍射

图 8-13 为不同 Ti 基非晶粉末添加量的 Al 基复合材料的压缩曲线图。由图 8-13 可以看出，冷压态没有添加 Ti 基非晶粉末的合金［曲线（A）］压缩断裂强度为 950MPa，样品在弹性变形后发生了明显的塑性变形。添加了 5% Ti 基非晶粉末的合金［曲线（B）］断裂强度增加到 1150MPa，较无增强相的合金增加了 21%，说明高强度的 Ti 基非晶合金粉末对 Al-Ni-Ce 基体起到了强化的作用。而添加

量为 15%的合金［曲线（C）］在弹性变形后发生了断裂，断裂强度为 970MPa，没有明显的塑性变形过程。这说明添加适当含量的 Ti 基非晶粉末增强相对 Al 基合金的强度有较大提升；更重要的，单相 Al 基非晶合金室温塑性较差的缺点得到了改善。另外，若添加量过高，又会造成合金的塑性恶化。综上所述，要得到综合性能优异的非晶合金复合材料，需要选择适当的增强相及添加量。

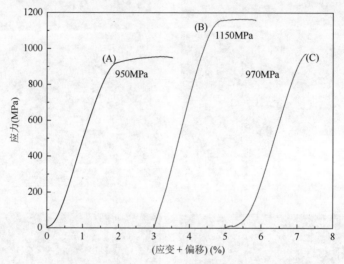

图 8-13　不同 Al 基合金复合材料压缩曲线图

（A）冷压 Al-Ni-Ce 非晶/纳米晶合金；（B）添加 5% Ti 基非晶合金粉末冷压 Al-Ni-Ce 复合材料；
（C）添加 15% Ti 基非晶合金粉末冷压 Al-Ni-Ce 复合材料

本章分别采用 SPS 及冷静液机械压制成形方法，制备了 Al 基纳米晶合金及金刚石颗粒/Ti 基非晶合金强化 Al 基非晶/纳米晶复合材料，介绍了材料的微观组织、力学性能等内容，主要结论如下。

（1）采用 SPS 方法可以成功制备出大尺寸的 Al 基纳米晶合金材料，纳米晶平均尺寸约为 26.3nm；烧结纳米晶合金在不同方向上性能均匀，室温压缩断裂强度可达 1.1GPa，比强度达到了 3.18×10^5Nm/kg。

（2）采用冷静液机械压制法制备了高致密、性能优异的不同金刚石颗粒含量的 Al-Ni-Ce 非晶合金复合材料。在室温压缩测试中，金刚石增强相含量 10%的复合材料表现出优异的综合性能，其断裂强度约 1200MPa，塑性变形约 2%。增强相颗粒的强化作用与引起的应力集中弱化效应，共同决定材料的力学性能。

（3）采用冷静液机械压制法制备了加入不同体积分数 Ti 基非晶粉末的 Al-Ni-Ce 合金复合材料，随着 Ti 基非晶粉末体积分数的增加，冷压得到的块体复合材料孔洞减少。添加 5% Ti 基非晶粉末的 Al 基复合材料的强度有很大提高；而添加量增大到 15%时，合金的塑性大幅下降。

参 考 文 献

[1]　Kim Y H，Choi G S，Kim I G，et al. High-temperature mechanical properties and structural change in amorphous Al-Ni-Fe-Nd alloys. Materials Transactions JIM，1996，37（9）：1471-1478.

[2]　Inoue A，Kitamura A，Masumoto T J. The effect of aluminum on mechanical properties and thermal stability of (Fe, Co, Ni)-Al-B ternary amorphous alloys. Materials Science，1981，16：1895-1908.

[3]　He Y，Poon S J，Shiflet G J. Synthesis and properties of metallic glasses that contain aluminum. Science，1988，241（4873）：1640-1642.

[4]　Yang B J，Yao J H，Zhang J，et al. Al-rich bulk metallic glasses with plasticity and ultrahigh specific strength. Scripta Materialia，2009，61（4）：423-426.

[5]　Mu J，Fu H M，Zhu Z W，et al. Synthesis and properties of Al-Ni-La bulk metallic glass. Advanced Engineering Materials，2010，11（7）：530-532.

[6]　Sanders W S，Warner J S，Miracle D B. Stability of Al-rich glasses in the Al-La-Ni system. Intermetallics，2006，14（3）：348-351.

[7]　Sun B A，Pan M X，Zhao D Q，et al. Aluminum-rich bulk metallic glasses. Scripta Materialia，2008，59（10）：1159-1162.

[8]　Deng S S，Wang D J，Luo Q，et al. Spark plasma sintering of gas atomized AlNiYLaCo amorphous powders. Advanced Powder Technology，2015，26（6）：1696-1701.

[9]　Sun N X，Zhang K，Zhang X H. Nanocrystallization of amorphous $Fe_{33}Zr_{67}$ alloy. Nanostructured Materials，1996，7（6）：637-649.

[10]　Tsai A P，Kamiyama T，Kawamura Y，et al. Formation and precipitation mechanism of nanoscale Al particles in AlNi base amorphous alloys. Acta Materialia，1997，45（4）：1477-1487.

[11]　Wang D J，Shen J. High strength aluminium alloys prepared by nanocrystallisation of amorphous powders using spark plasma sintering. Powder Metallurgy，2015，58（5）：363-368.

[12]　Wei X S，Vekshin B，Kraposhin V，et al. Full desity consolidation of pure aluminium powders by cold hydro-mechanical pressing. Materials Science and Engineering A，2011，528（18）：5784-5789.

[13]　魏先顺. 粉末冷静液机械压制成形工艺与粉末致密化行为研究. 哈尔滨：哈尔滨工业大学，2011：22-23.

第9章 典型 Ti 基非晶合金粉末退合金化制备微/纳米带功能粉末

非晶合金及其复合材料还可作为集众多优点于一体的新型材料应用于功能材料领域。对于具有功能化性能的 Ti 基非晶合金及其复合材料的制备，退合金化（dealloying）方法具有简便易行、清洁无污染等特点。Jayaraj 等[1]采用退合金化的方法，成功制备了多孔 Ti 基非晶合金材料，孔洞尺寸为 15～155nm。Sugiyama 等[2]采用水热反应-退合金化的方法，在 Ti 基非晶合金表面成功制备了具有生物活性的钛酸盐纳米线材料，该纳米线材料在模拟人体体液中浸泡后进一步转变为骨骼形状的羟基磷灰石。以上研究成果说明，Ti 基非晶合金及其复合材料除了具有优异的力学性能，在功能材料领域也显示出广泛的应用前景。

在光化学领域，钛酸盐是广泛应用的半导体材料，具有优异的光化学性能。而钛酸盐纳米带材料由于其独特的一维结构，在光催化制氢与制造微纳米关键器件（如光电转换器等）方面，展现出优异的性能优势，这使得解决能源问题与制造超敏感光电器件成为可能[3]。自从 20 世纪 90 年代层状钛酸盐被发现以来，大量针对层状钛酸盐合成制备、物理化学性能、形成机理的研究屡有报道。随着研究的不断深入，在层状钛酸盐制备及应用等方面取得了巨大的进步。有研究显示[4]，所制备的钛酸盐纳米带的光化学性能取决于所采用的制备方法及提供钛元素的反应原材料（Ti 原材料）的微观组织结构与生长界面形貌。

与传统固相反应法制备钛酸盐材料相比，水热反应方法合成的钛酸盐纳米带具有比表面积大、结晶度高、性能好等特点。此外，与传统的二氧化钛作为 Ti 原材料相比，Ti 基非晶/纳米晶材料由于非平衡凝固所形成的、独特的微观结构及能量亚稳态，作为新型 Ti 原材料，可以制备出具有优异光化学性能的钛酸盐纳米带[5]。但是，目前极少有 Ti 基非晶合金及其复合材料在光化学领域研究及评价的报道，这制约了 Ti 基非晶合金复合材料作为先进功能材料的进一步应用。为了进一步提高钛酸盐纳米带的光化学性能，人们通常采用层间离子交换的方法对水热反应制备的钛酸盐纳米带进行后续改性处理[6]，这无疑增加了工艺步骤。更重要的，层间离子交换方法不能实现改性离子进入钛-氧八面体中[7]，因此限制了纳米带材料光催化性能的进一步提高。基于以上，退合金化方法在制备功能化 Ti 基非晶合金及其复合材料方面的成功应用，以及离子改性钛酸盐纳米带材料在光化学领域的重大应用前景启发我们：利用 Ti 与 Zr 元素相似的化学性能，将成分中含 Zr 的 Ti 基非晶合金材料作为新型 Ti（Zr）原材料，结合一步式水热反应-退合金化的方法（不需后续处理），可以制备出具有优异光化学性能的新型 Zr 离子改性钛酸盐纳米带材料（Zr 离子替换 Ti，进入 Ti-O 八面体中），进而拓宽 Ti 基非晶合金及其复合材料在功能材料领域的应用。

9.1 典型 Ti 基非晶合金粉末退合金化

目前，国内外合成层状钛酸盐的方法有很多，如溶胶-凝胶法、阳极氧化法等。与其他工艺方法相比，水热反应-退合金化方法具有操作简单易行、反应产物纯度高等特点，因此被广泛应用于纳米材料的制备与合成。对于合金材料的水热反应，实际是合金材料在反应介质中的腐蚀、氧化等过程，伴随着纳米材料的形核与长大。因此，水热反应工艺参数，如反应温度、反应时间、介质浓度等对退合金化过程与纳米材料的形成有着重要的影响。

本章将小尺寸（38μm 以下）的 TiCuZrNiSn 非晶合金粉末作为 Ti（Zr）反应原材料，在优化了水热反应合成实验参数后，选择 20mL 的 NaOH 溶液作为反应介质（浓度 10mol/L）。将 0.3g 非晶合金粉末、反应介质放入聚四氟乙烯反应釜中，而后将反应釜置于不锈钢反应容器中，在 140℃反应 12h。反应结束后，将反应容器水冷至室温，用去离子水洗净反应产物，并调 pH 至中性。最后采用磁搅拌、超声分离干燥的方法得到白色的纳米带粉末材料。

图 9-1 所示为所制备白色钛锆酸钠纳米带粉末的外观形貌照片及各种粉末材料的 X 射线衍射曲线。从图 9-1（A）中可以看出，所采用的 Ar 气雾化 Ti 基非晶合金粉末为完全的非晶态，只表现出非晶相漫散射峰的特征。对于所制备的钛锆酸钠纳米带粉末［图 9-1（B）］，其衍射谱中出现了典型晶态相的 Bragg 衍射峰，说明材料的长程周期性结构特征。通过标定，其结构可以被确定为单斜结构，晶格常数为 $a = 1.76$nm，$b = 0.38$nm，$c = 1.19$nm。此结构特征与标准晶体学数据库中单斜结构的钛酸钠 $Na_2Ti_4O_9$（晶格常数为 $a = 1.738$nm，$b = 0.3784$nm，$c = 1.199$nm）非常相近，而晶格常数的略微差别是由于 Zr 元素与 Ti 元素化学性质相似，在水热反应过程中，Zr 元素原位部分替换了 Ti 元素，进入 Ti-O 八面体结构而引起的（详见下面分析）。

此外，由于此类纳米带材料的层片状结构，即 Na/K 离子与 Ti-O 八面体层片相间分布，如图 9-2 所示，H 等小尺寸离子可以进入层片结构中，取代 Na/K 离子，形成钛酸纳米带粉末。

为了对比研究一步原位合成过程中 Zr 离子固溶对纳米带材料组织与性能的影响，作者采用传统固态反应方法制备了不含 Zr 元素的钛酸钾（$K_2Ti_4O_9$）纳米带材料[6]。而后分别将钛锆酸钠纳米带粉末（简称 NaZr-TNB）与钛酸钾纳米带

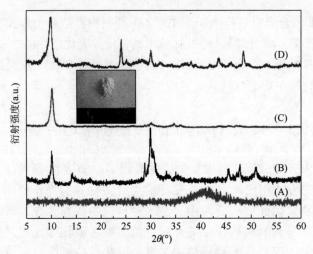

图 9-1　粉末材料的 X 射线衍射曲线

（A）非晶合金粉末；（B）钛锆酸钠纳米带：NaZr-TNB；（C）钛锆酸纳米带：HZr-TNB；
（D）钛酸纳米带：H-TNB；插图为钛锆酸钠纳米带粉末外观

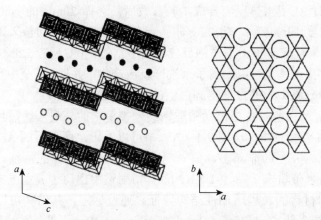

图 9-2　$Na_2/K_2Ti_4O_9$ 纳米带结构示意图[8]

粉末各 0.1g 浸入 40mL 盐酸溶液中 24h，盐酸溶液浓度 1mol/L，分别得到 Zr 离子掺杂钛锆酸纳米带粉末（简称 HZr-TNB）与传统的钛酸纳米带粉末（简称 H-TNB）。图 9-1（C）是钛锆酸纳米带粉末的 X 射线衍射曲线，可见：钛锆酸衍射曲线中在 30°左右位置的衍射峰变得很弱，而在 15°左右的衍射峰也消失不见。这说明在浸渍过程中，氢离子置换钠离子，形成钛锆酸过程中，材料的晶格特征参数等发生了变化；但钛锆酸纳米材料仍为单斜结构。而根据传统方法制备的钛酸纳米带材料［图 9-1（D）］，其 X 射线衍射曲线也呈单斜结构特征，与报道中实验结果一致[7]。

图 9-3 是所制备钛锆酸钠纳米带的扫描电子显微镜形貌照片。由图 9-3（a）

可见，生长在 Ti 基非晶合金表面的"花朵"状纳米簇由大量的纳米带材料所组成，纳米簇的直径（纳米带的长度）在 $50\mu m$ 左右。而纳米带宽度为几微米，纳米带厚度则为纳米尺度。扫描电子显微镜能谱成分分析证明了 Zr 元素的掺杂，纳米带材料的平均成分为 $Na_{14.06}(Ti_{22.96}Zr_{3.72})O_{59.26}$，经过约化后即为 $Na_2(Ti_{0.85}Zr_{0.15})_4O_9$（原子百分比）。另外，可以看出 $(Ti + Zr)$ 与 Na 及 O 与 Na 的原子含量比值分别为 1.90 和 4.22；也就是说，$(Ti + Zr)$ 与 Na 的原子含量比值非常接近理论值 2，而 O 与 Na 的原子含量比值却比理论值 4.5 略小，相似的实验结果在钛酸钠纳米带材料中得到过报道[9]。此外，与传统钛酸钠纳米带材料相比，由于 Ti、Zr 元素属同族元素，具有相近的化学性质，所制备的纳米带材料中 15% 左右的 Ti 原子被 Zr 原子所替换，Zr 元素进入 Ti-O 八面体结构中；而 Cu、Ni、Sn 元素却未出现在纳米带材料中。上述结果说明，Ti 基非晶合金粉末在水热反应-退合金化的过程中，多组元 Ti 基非晶合金成分发生了选择性退合金化。Ti 与 Zr 原子溶解到氢氧化钠溶液中，并与之反应，一步式形成 Zr 离子改性钛锆酸钠纳米带材料；而其他组成元素则被留在非晶合金基体与纳米带材料之间的过渡区域内。由图 9-3（b）可以看出大量纳米带的细节特征，单根纳米带长度为十几微米，宽度为几微米，而厚度却只有几十纳米。

(a)　　　　　　　　　　　　　　　　(b)

图 9-3　钛锆酸钠纳米带扫描电子显微镜形貌

（a）低倍数；（b）高倍数

图 9-4 为钛锆酸钠纳米带的透射电子显微镜分析结果。从图 9-4（a）中可以看出，每根经过分离后的单根纳米带均呈笔直的刚性结构特征。由于材料的厚度为纳米级别，其在明场像中呈"透明"的特征。基于高倍数下的观察［图 9-4（b）］，可以清楚地发现纳米带的多层结构特征。另外，在高角环形暗场像中，纳米带上也可以清晰地观察到直线状的衬度变化存在，进一步证实了其多层的结构。图 9-4（c）

是单根纳米带的高分辨透射电子显微镜图像，可以看出，单斜结构的（２０ ０）晶面（对应晶面间距 0.83nm）清晰的晶格像。由于纳米带材料透射电子显微镜样品在附有碳膜的铜环上，以及其多层结构［图 9-4（b）］特征，很难在高分辨图像上直接观察到与（２０ ０）晶面共轴的另一晶面的原子晶格像。因此，对高分辨透射电子显微镜图像进行傅里叶变换处理，结果如图 9-4（c）中插图所示。根据傅里叶变换得到的晶面间距及晶面夹角，衍射斑点可以被标定为共轴的（２０ ０）晶面和（１ ０ $\overline{2}$）晶面。更进一步，对傅里叶变换后的衍射斑点进行了滤波及反傅里叶变换，结果如图 9-4（d）所示。与图 9-4（c）相比，反傅里叶变换结果清楚地给出

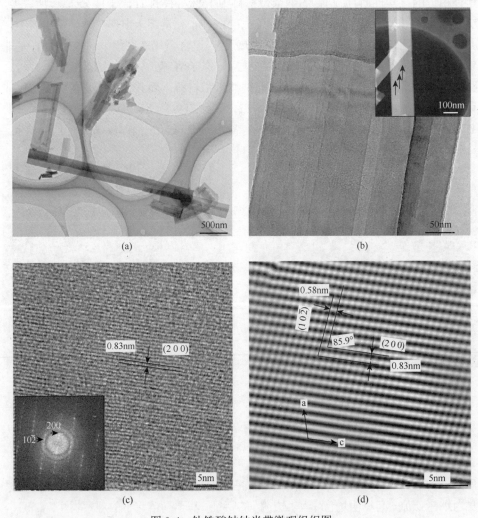

图 9-4　钛锆酸钠纳米带微观组织图

（a）透射电子显微镜明场像；（b）明场像及高角环形暗场像；（c）高分辨图像及傅里叶变换；（d）反傅里叶变换

了两个晶面族的原子晶格像，原子呈长程有序排列的结构特征。基于晶面间距及晶面夹角数据，与（２０ ０）晶面共轴的另一晶面被确定为（１ ０ $\bar{2}$）晶面，进一步证明了上述结果。

9.2　钛锆酸钠纳米带材料的能带特征

以 Ti 基非晶合金粉末为原料，水热反应一步合成制备的钛锆酸钠纳米带材料属于半导体材料。与导体及绝缘体材料相比，半导体材料具有独特的半导体性能。例如，半导体材料的能带结构不连续，电子填满了一些能量较低的能带，称为满带，最上面的满带则称为价带。价带上面有一系列的空能带，最下面的空能带则称为导带。价带与导带之间有带隙，可以用带隙宽度来表示半导体材料价带顶和导带底之间的能量间隙。

在理想的绝对零度没有激发的情况下，半导体材料的价带被电子填满，而导带中没有电子。然而，在实际情况中，由于某种激发条件的存在，如热量、光照等，满足激发条件的电子可以从价带跃迁到导带中，使导带中有少量电子，而在价带中则留下相对应的空穴。特别的，在光照情况下，一定频率（一定能量）的光子可以被半导体材料所吸收，价带中电子跃迁到导带，形成光生电子-空穴对，从而在宏观上表现出半导体材料的光吸收特征。除了半导体材料对一定波长、一定频率的光波具有吸收性能外，所形成的光生电子还具有还原性，可以在适当的条件下发生还原反应，使半导体材料具有特殊的功能化性能，如图 9-5 所示。

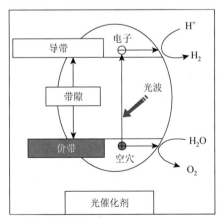

图 9-5　半导体材料光生电子还原性示意图[10]

进一步地，为了评价所制备纳米带粉末材料的光吸收特征，对三种纳米带粉末材料的光吸收性能进行了测试。通过 Kubelka-Munk 方程式对数据进行处理，漫反射满足 Kubelka-Munk 方程式[11]：

$$(1-R_\infty)^2 / 2R_\infty = K/S \qquad (9\text{-}1)$$

式中，K——吸收系数；

　　　S——散射系数；

　　　R_∞——无限厚样品的反射系数 R 的极限值。

采用双光束紫外-可见光光度计（TU-1900）测试光催化剂的吸光性能，扫描范围为 200～800nm，扫描狭缝为 1.00nm。以标准白板调零，以 240nm/min 速度扫描，利用 UV-winlab 输出 UV-vis DRS 谱，实验结果如图 9-6 所示。

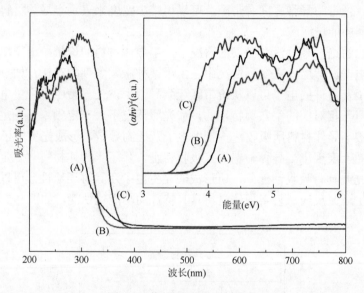

图 9-6　紫外-可见漫反射光谱

（A）钛锆酸钠；（B）钛锆酸；（C）钛酸；插图为根据 Kubelka-Munk 公式变换得到的半导体材料带隙值

从图 9-6 中可以看出：三种半导体纳米带粉末材料均具有光吸收性能，即一定波长的光子可以使半导体材料产生光生电子；但三种材料所吸收光波的边吸收波长均在紫外光区域，其边吸收波长在 350～400nm。另外，三种半导体材料的边吸收波长也有所不同，钛锆酸钠纳米带的边吸收波长最小，而钛酸纳米带的边吸收波长则最大。此外，基于边吸收波长实验结果，通过 Kubelka-Munk 公式变换，可以得到三种半导体纳米粉末材料的能带带隙值[12]，结果见图 9-6 中插图及表 9-1。

表 9-1　三种纳米带材料的特征参数　（单位：eV）

材料	带隙实验值	带隙计算值	导带底	价带顶
H-TNB	3.52	2.15	−0.18	3.34
HZr-TNB	3.79	2.51	−0.31	3.48
NaZr-TNB	3.98	3.23	−1.10	2.88

从图 9-6 中插图及表 9-1 可见，光吸收性能的不同是由三种半导体纳米带粉末材料的能带带隙不同所决定的。能带带隙越大，则所能吸收的光波能量越大，对应的光波波长越小；相反的，能带带隙越小，则所能吸收的光波波长越长。基于实验结果，钛锆酸钠纳米带、钛锆酸纳米带和钛酸纳米带的能带带隙值分别被确定为 3.98eV、3.79eV 和 3.52eV，与边吸收波长实验结果趋势一致。

在确定了三种半导体纳米带粉末材料的能带带隙的基础上，如上所述，半导体材料的导带底与价带顶的相对位置是影响半导体材料功能化性能的重要因素。根据文献资料[13]，半导体材料的导带底位置可以通过如下公式进行计算得到：

$$E_{CB}^0 = X - E^C - \frac{1}{2}E_g \qquad (9\text{-}2)$$

式中，E_{CB}^0——导带底位置；

　　　　X——半导体的绝对电负性；

　　　　E^C——自由电子能量，约为 4.5eV；

　　　　E_g——带隙。

尽管根据式（9-2）计算所得到的导带底的绝对位置与实验值会有所差别[14]，但仍可以采用式（9-2）来评价本章中所制备三种半导体纳米带粉末材料导带底的相对位置。由式（9-2）计算得到钛酸、钛锆酸及钛锆酸钠的导带底位置依次是−0.18eV、−0.31eV 和−1.10eV（表 9-1）。上述结果表明，对比钛酸和钛锆酸，Zr 离子掺杂进入片层结构 Ti-O 八面体中，使得材料导带底的相对位置变得更负（0.13eV）。而对于钛锆酸钠纳米带材料，其导带底的位置比钛锆酸更负（0.79eV）。此外，根据能带带隙及导带底的位置，可以进一步得到三种半导体纳米带粉末材料的价带顶相对位置，如表 9-1 所示。

为了更好地理解半导体纳米材料的能带结构，分析 Zr 元素掺杂对纳米带半导体能带的影响，作者采用第一性原理计算的方法对三种纳米带粉末材料的能带特征进行了计算。计算软件为 Materials Studio，其中选用了 Materials Studio 软件中的第一性原理计算模块 CASTEP 程序包，通过选择 LDA 交换关联近似方法可以优化晶体结构和计算周期性固体的电子结构。CASTEP 基于总能量平面波超软赝势法或模守恒函数，通过已知构型中原子的类型、数量及内坐标位置，可以计算总能量，进而得到电子结构信息，如能带结构等[15]。晶格常数和原子坐标在优化过程中充分弛豫，平衡收敛标准为：总能量 $2.0×10^{-5}$eV/atom，原子受力为 0.05eV/Å[15]，原子内坐标为 $2×10^{-3}$Å。平面波截断动能设定为 300eV，布里渊区倒易空间积分采用 Monkhorst-Pack 模式，k 点设为 $1×3×1$。计算结果如图 9-7 所示。

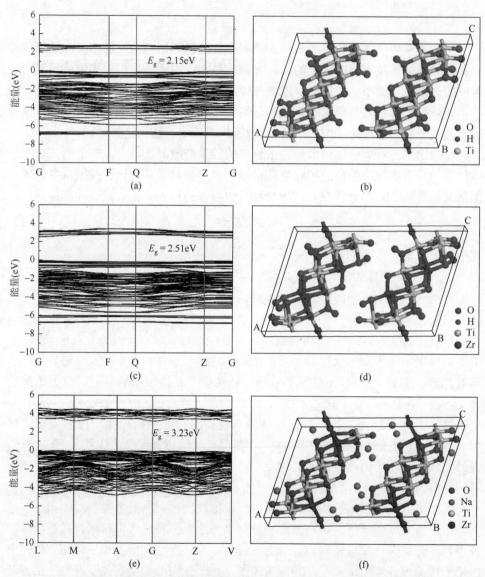

图 9-7　钛酸、钛锆酸和钛锆酸钠的能带结构及计算模型（彩图见封底二维码）

（a）、（b）钛酸；（c）、（d）钛锆酸；（e）、（f）钛锆酸钠

片层结构钛酸、钛锆酸及钛锆酸钠纳米带的结构模型分别如图 9-7（b）、（d）、

（f）所示，对于 Zr 元素掺杂，基于实验数据随机将 Zr 原子分配在 Ti-O 八面体结构中，三种纳米带材料能带结构计算结果分别如图 9-7（a）、（c）、（e）所示，可以看出：钛酸、钛锆酸及钛锆酸钠半导体纳米带的能带带隙计算值依次是 2.15eV、2.51eV 和 3.23eV（表 9-1），带隙计算值与实验数值相比偏小[16]。尽管如此，三种纳米带材料带隙计算值与实验数值的相对大小趋势却是一致的，这也进一步证明了 Zr 离子的掺杂会引起纳米带半导体能带带隙的增加。

众所周知，能带结构的纵坐标是能量。为了进一步详细分析三种纳米带半导体粉末材料的能带特征，将在能带结构中 $E + \mathrm{d}E$ 这个能量范围内的能级数称为态密度。如果 $E + \mathrm{d}E$ 这个能量范围内轨道（能级数）越多越密集，则态密度越大。基于上述分析及第一性原理计算结果，可以得到三种半导体纳米带材料的总态密度及分态密度状态，如图 9-8 所示。计算结果显示，对于钛酸而言［图 9-8（a）］，其能带特征为：价带主要由氧元素的 2p 轨道构成，而钛元素的 3d 轨道则组成其导带。Zr 离子掺杂进入 Ti-O 八面体后［图 9-8（b）、（c）］，钛锆酸及钛锆酸钠的价带由两种轨道杂化而成，分别是氧元素的 2p 轨道和 Zr 元素的 4d 轨道。同时，Zr 元素的 4d 轨道对钛锆酸及钛锆酸钠的导带也有影响。上述结果可以用来分析三种纳米带半导体材料价带、导带的相对位置：由于 Zr 元素 4d 轨道杂化的影响，钛锆酸的价带顶及导带底相较钛酸的价带顶及导带底分别变得更正和更负（表 9-1）。

半导体材料价带顶及导带底相对位置的变化可引起能带带隙的变化，即钛锆酸的能带带隙大于钛酸的能带带隙。相类似地，Zr 离子掺杂同样影响钛锆酸钠的能带结构。值得注意的是，尽管均具有 Zr 离子掺杂的影响，钛锆酸的能带带隙要略小于

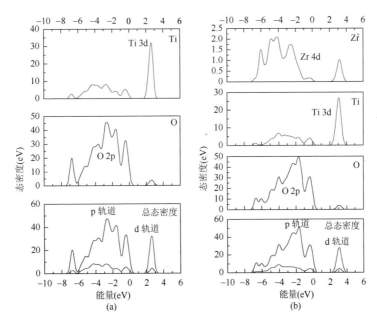

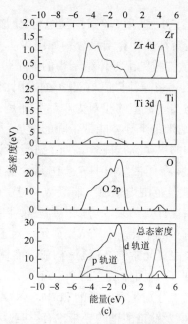

图 9-8　总态密度、分态密度图谱

（a）钛酸；（b）钛锆酸；（c）钛锆酸钠

钛锆酸钠的能带带隙值，这主要是由两种纳米带材料化学成分不同造成的。由于金属氧化物的能带带隙随着鲍林电负性差的平方减小而减小[17]，用更接近氧元素电负性的氢元素替代钠元素，会引起元素间电负性差别减小，从而引起能带带隙的减小。

根据上述计算结果及理论分析，可以得到三种半导体纳米带材料的能带结构示意图，如图 9-9 所示，这给进一步分析三种纳米带半导体材料的性能奠定了坚

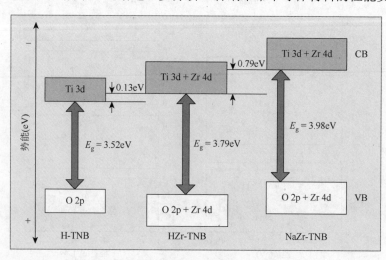

图 9-9　三种材料的能带结构示意图

实的基础。与钛锆酸钠相比，由于氢离子取代钠离子，钛锆酸具有更正的导带底位置和更小的能带带隙。特别需要说明的是，由于锆元素 4d 轨道杂化的影响，钛锆酸的价带顶和导带底的位置相对于钛酸而言分别更正和更负，进而使得钛锆酸的能带带隙要大于钛酸的带隙。

9.3　钛锆酸钠纳米带材料的光催化性能

　　能源危机是近年来全世界面对的重大挑战之一，发展新能源对减少污染、解决化石能源枯竭等问题有着重要的意义。氢气具有高的热能比，燃烧后产物为水蒸气，是公认的可再生、无污染的新型绿色能源[11]。如何大规模、低成本地获得氢气，是能源材料研究者关注的热点之一。电解水制氢的传统方法虽可以制备氢气，但其耗电量大、效率低、成本高，这阻碍了新型氢能源的进一步推广与应用[11]。

　　20 世纪 70 年代，光解水制氢技术由日本东京大学 Fujishima 和 Honda 两位教授首次发现，从此研究人员开始了大量采用不同催化剂的分解水制氢研究工作。在钛酸盐这类化合物中，Ti-O 八面体共角或共边形成带负电的层状结构，带正电的金属离子填充在层与层之间，而扭曲的 Ti-O 八面体被认为在光催化活性的产生中起着重要作用[18]。本章所制备的三种半导体纳米带粉末材料具有吸收光波的性能，因而可能具有在光波照射下光催化分解水制氢的性能。通常而言，半导体光分解水要满足以下条件：半导体材料的禁带宽度必须大于水的分解电压 1.23eV，并且半导体的价带的位置应比 O_2/H_2O 的电位更正，而导带的位置应比 H_2/H_2O 更负，同时入射光子的能量要大于半导体禁带的宽度[11]。

　　在分析、理解了本章所制备的三种半导体纳米粉末材料的能带结构特征的基础上，作者进一步测试了三种纳米带粉末材料的紫外光催化制氢性能。测试具体方法如下：将 0.1g 纳米带粉末置于 40mL 的甲醇/去离子水溶液中，甲醇体积分数为 10%。在密闭的反应系统中，采用 350W 的 Hg 灯作为光源；反应一定时间后，采用气相色谱仪（导热检测器，分子筛尺寸为 5Å，氩气为载气）对反应产生的 H_2 量进行测量。钛锆酸钠纳米带粉末的制氢性能随时间变化曲线如图 9-10（a）所示，为了测试该纳米材料制氢性能的可重复性，本节重复了三次实验测试。

　　由图 9-10 可见：在每次实验过程中，氢气都能随着反应的进行平稳、有效地产生出来。此外，每次实验所产生的氢气量均可以重复，说明钛锆酸钠纳米带材料在光催化制氢反应过程中性能具有稳定性。具体而言，每次光催化实验所产生的氢气总量由第一次的 15.91μmol 增加到第三次实验的 21.19μmol。这可能是由于

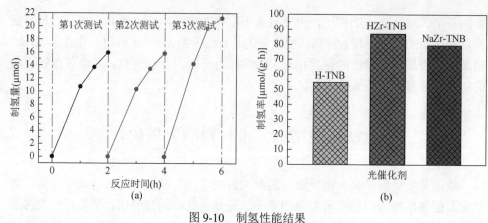

图 9-10 制氢性能结果

（a）钛锆酸钠制氢性能曲线；（b）三种材料制氢性能对比

在前两次光催化反应过程中，钛锆酸钠纳米带中的部分钠离子被水合氢离子所取代，而这些水合中间层是纳米带材料制氢总量有所增加的原因（详见下面讨论内容）。

为了对比研究锆离子掺杂对钛酸盐纳米带材料光催化性能的影响，在相同的测试条件下，对钛酸纳米带粉末及钛锆酸纳米带粉末的光催化制氢性能进行了测试，实验结果见图 9-10（b）。很明显，三种纳米带半导体粉末样品的制氢性能差别很大。氢离子取代钠离子后，钛锆酸纳米带粉末的光催化制氢性能要优于钛锆酸钠纳米带材料。而经锆离子掺杂进入 Ti-O 八面体后，钛锆酸纳米带材料的制氢性能要远远高于传统不含锆离子的钛酸纳米带材料。在相同的反应条件下，钛锆酸纳米带的制氢性能为 87μmol/(g·h)，而传统钛酸纳米带粉末的制氢性能仅为 55μmol/(g·h)。上述实验结果说明，锆离子的掺杂对半导体纳米带材料的光催化制氢性能起到重要的影响作用。

基于上述实验及理论计算结果，对本章三种半导体纳米带材料的光催化制氢性能进行分析。通常情况下，影响半导体材料光催化制氢性能的首要因素是光催化还原反应过程中的热力学驱动力，即半导体材料导带底位置与氢离子还原电位之间的差别。在条件一定时，由于氢离子的还原电位确定，则半导体材料导带底位置越负（如钛锆酸钠纳米带材料，图 9-9），越会容纳具有更强还原性的光生电子，进而具有更强的还原反应热力学驱动力和更优异的制氢性能[19]。另外，反应条件的改变也会影响氢离子的还原电位位置，例如，其会随反应体系 pH 的变化而改变[20]；而氢离子的还原电位也会影响光催化过程的热力学驱动力。为了评价三种纳米带半导体材料反应体系中氢离子还原电位的相对位置，对三种纳米带粉末材料反应溶液体系的 pH 进行了测量，实验结果如表 9-2 所示。很明显，传统的钛酸纳米带水溶液具有低于钛锆酸及钛锆酸钠纳米带水溶液的 pH（即酸性更强），因此钛酸纳米带反应溶液体系中氢离子还原电位最高（正），有利于光催化制氢反应过程的进行。

表 9-2　三种纳米带材料水溶液的 pH

材料	pH
H-TNB	4.07
HZr-TNB	4.74
NaZr-TNB	10.91

除了光催化还原反应过程的热力学驱动力外，在反应体系中，半导体催化剂材料可以提供的有效反应位置数量也是影响半导体材料光催化制氢性能的重要因素。如果反应体系中半导体催化剂提供的有效反应数量不足，则半导体材料中所产生的光生电子-空穴对将会重新复合，具有还原性的光生电子数随之减少，即引起纳米半导体材料光催化制氢（还原）性能的降低。

在本章所制备的三种纳米带半导体粉末材料中，经氢离子置换所得到的钛酸及钛锆酸纳米带与钛锆酸钠纳米带材料相比，钛酸和钛锆酸在反应过程中形成的水合离子中间层可以作为光催化制氢反应有效的反应位置[21]。因此，在反应过程中，光生电子可以及时有效地转移到这两种材料的水合离子中间层处发生光催化还原反应，提高半导体材料的制氢性能。

基于以上实验结果及理论分析，本章三种半导体纳米带粉末材料的光催化制氢性能由上述几个因素共同决定。对比钛锆酸纳米带和钛锆酸钠纳米带，尽管钛锆酸钠纳米带的导带底位置更负，但更高的氢离子还原电位和更多的有效反应位置使得钛锆酸具有最为优异的光催化制氢性能 [图 9-10（b）]。而对于钛锆酸纳米带与传统钛酸纳米带，两者具有相近的 pH（氢离子还原电位位置）和光催化有效还原反应位置；但由于 Zr 离子掺杂进入 Ti-O 八面体，即 Zr 离子的 4d 轨道对该半导体材料价带与导带的影响，钛锆酸纳米带具有更负的导带底位置（图 9-9），即更强的光催化还原反应热力学驱动力。因此，钛锆酸纳米带半导体粉末材料具有更为优异的光催化制氢性能。

本章通过一步式水热反应的方法，成功原位制备了 Zr 离子掺杂钛酸盐纳米带粉末材料，并对比介绍了钛锆酸钠、钛锆酸和传统钛酸的能带结构特征及光催化制氢性能。此外，对钛酸盐类催化剂的光催化机理进行了分析，主要结论如下。

（1）钛锆酸钠纳米带粉末材料具有独特的"花状"微观组织，"花簇"由大量单根纳米带组成。纳米带具有 Zr 离子掺杂进入 Ti-O 八面体的微观组织特征，其晶体结构为单斜结构。单根纳米带的尺寸为十几微米长、几微米宽、几纳米厚。

（2）Zr 离子的掺杂显著影响钛酸盐纳米带的能带结构，主要表现为能带带隙的增加。此外，由于 Zr 离子 4d 轨道对半导体材料价带和导带的杂化作用，与未掺杂的传统钛酸盐纳米带相比，其价带顶及导带底的位置分别变换到更正和更负的位置。

（3）钛锆酸半导体纳米带具有最为优异的光催化制氢性能。通过对光催化制氢反应机理的分析，结果表明：更强的还原反应热力学驱动力［即半导体导带底位置越负、氢离子还原电位越正（pH 越小）］，且更多的有效还原反应位置有利于光催化制氢反应的进行，即制氢性能越优异。

（4）采用多组元非晶合金为原材料，利用退合金化方法，无需后续处理，可以达到一步式制备离子掺杂纳米半导体材料的目的。另外，通过离子掺杂可以设计/改变半导体纳米材料的能带结构，进而达到提高其光化学性能的目的。

参 考 文 献

[1] Jayaraj J，Park B J，Kim D H，et al. Nanometer-sized porous Ti-based metallic glass. Scripta Materialia，2006，55（11）：1063-1066.

[2] Sugiyama N，Xu H Y，Onoki T，et al. Bioactive titanate nanomesh layer on the Ti-based bulk metallic glass by hydrothermal-electrochemical technique. Acta Biomaterials，2009，5（4）：1367-1373.

[3] Wang Y M，Du G J，Liu H，et al. Nanostructured sheets of Ti-O nanobelts for gas sensing and antibacterial applications. Advanced Functional Material，2008，18（7）：1131-1137.

[4] Zhang D R，Kim C W，Kang Y S. A study on the crystalline structure of sodium titanate nanobelts prepared by the hydrothermal method. Journal of Physics and Chemistry C，2010，114（18）：8294-8301.

[5] 王博. 钛基非晶合金/复合材料粉末冶金制备及退合金化. 哈尔滨：哈尔滨工业大学，2015：53-55.

[6] Allen M R，Thibert A，Sabio E M，et al. Evolution of physical and photocatalytic properties in the layered titanates $A_2Ti_4O_9$（A = K, H）and in nanosheets derived by chemical exfoliation. Chemistry of Materials，2010，22（3）：1220-1228.

[7] Li X K，Yue B，Ye J H. Photocatalytic hydrogen evolution over SiO_2-pillared and nitrogen-doped titanic acid under visible light irradiation. Applied Catalysis A-General，2010，390（1-2）：195-200.

[8] Anderson S，Wadsley A D. The crystal structure of $Na_2Ti_3O_7$. Acta Crystallograohica，1961，14（12）：1245-1249.

[9] Kiatkittipong K，Ye C H，Scott J，et al. Understanding hydrothermal titanate nanoribbon formation. Crystal Growth Design，2010，10（8）：3618-3625.

[10] Chen X B，Shen S H，Guo L J，et al. Semiconductor-based photocatalytic hydrogen generation. Chemical Reviews，2010，110（11）：6503-6570.

[11] 尚立伟. 球形二氧化钛复合催化材料的制备与性能研究.哈尔滨：哈尔滨工业大学，2011：4-14.

[12] Maeda K，Mallouk T E. Comparison of two-and three-layer restacked dion-jacobson phase niobate nanosheets as catalysts for photochemical hydrogen evolution. Journal of Materials Chemistry，2009，19（27）：4813-4818.

[13] Osterloh F E. Inorganic materials as catalysts for photochemical splitting of water. Chemistry of Materials，2008，20（1）：35-54.

[14] Long M C，Cai W M，Cai J，et al. Efficient photocatalytic degradation of phenol over $Co_3O_4/BiVO_4$ composite under visible light irradiation. Journal of Physics and Chemistry B，2006，110（41）：20211-20216.

[15] 安勇良. 离子交换对钛酸盐纳米材料结构与光吸收性能的影响. 哈尔滨：哈尔滨工业大学，2012：28-32.

[16] Li Y L，Fan W L，Sun H G，et al. Firstprinciples study of the electron structure，optical properties and lattice dynamics of BC_2N. Journal of Physics and Chemistry C，2010，114：2783-2791.

[17] Quarto F D，Sunseri C，Piazza S，et al. Semiempirical correlation between optical band gap values of oxides and

the difference of electronegativity of the elements. Its importance for a quantitative use of photocurrent spectroscopy in corrosion studies. Journal of Physics and Chemistry B，1997，101（14）：333-340.

[18] 郭新斌，乔庆东. 太阳能光解水制氢催化剂研究进展. 化工进展，2006，25（7）：729-732.

[19] Kudo A，Miseki Y. Heterogeneous photocatalyst materials for water splitting. Chemical Society Review，2009，38（1）：253-278.

[20] Compton O C，Carroll E C，Kim J Y，et al. Calcium niobate semiconductor nanosheets as catalysts for photochemical hydrogen evolution from water. Journal of Physics and Chemistry C，2007，111（40）：14589-14592.

[21] Shimizu K I，Itoh S，Hatamachi T，et al. Photocatalytic water splitting on Ni-intercalated ruddlesden-popper tantalate $H_2La_{2/3}Ta_2O_7$. Chemistry of Materials，2005，17（20）：5161-5166.

第10章 典型Ti基非晶合金粉末退合金化制备核壳结构功能粉末

随着社会的发展，能源的消耗成为全世界日益关注的重要问题。在能源材料领域，太阳光能由于可再生、高效、清洁无污染等特点，是未来理想的新型能量来源[1]。世界各国均将太阳光能利用与转化研究，列入未来战略发展计划。我国更将"面向能源的光电转换材料"归入解决能源问题的重大战略发展需求中。

当材料尺寸达到纳米级别时，量子效应、表面与界面效应和宏观量子隧道效应等，会使材料表现出独特的功能化性能[2]，这使得纳米材料用于解决能源问题成为可能。在众多纳米材料中，纳米金属氧化物不仅具有纳米材料、金属氧化物特殊的物理化学性能，而且还具有半导体材料的特性，因而表现出独特的功能化性能，成为先进材料领域研究的热点[3]。在纳米氧化物体系中，纳米TiO_2具有稳定性高、无生物毒害作用等优点。因此，纳米TiO_2作为一种无机功能材料，在光电转化、光解水制氢、光催化降解污染物等方面具有广阔的应用前景。

另外，随着科学技术的发展，近年来液态系统中的重金属污染成为严重影响人体及环境健康的污染源。其中，Cr^{6+}是很多工业领域废水中常见的污染物，其生物毒性大且不可生物降解[4]。为了解决重金属污染问题，常用的方法主要有化学方法、离子交换、物理吸附等[5]。在众多方法中，物理吸附因低成本及可循环利用等优势成为处理液态体系中重金属污染的有效、便捷方法。与传统的吸附材料相比，纳米尺度的金属氧化物（如TiO_2）粉末材料由于其独特的一维结构和大的比表面积，在重金属离子吸附方面，展现出优异的性能优势。然而，由于传统纳米TiO_2粉末材料颗粒细微（比表面积大，对性能有利），其在使用中易于失活和凝聚、不易分散，难以回收和再利用，这无疑成为纳米TiO_2作为先进吸附功能材料实际应用的一个瓶颈问题。此外，随着现代通讯系统的发展，如手机、互联网、卫星及雷达系统等，严重的电磁波作用成为一种当今新的污染形式，对生物体的健康也有着严重的影响[6]。为了减轻电磁波的危害，对其进行吸收成了目前处理电磁波污染的主要有效手段之一[7]。迄今，电磁波吸收材料主要是铁磁体、金属/合金或其氧化物[8]。另外，将电磁波吸收材料制备成核壳结构有助于提高其吸波性能[9]。然而，在实际应用中，铁磁性吸波材料往往因密度较大而不适用于对轻量化要求较高的环境[8]。而纳米/亚微米尺寸的吸波材料在制备涂层时又常因团聚而影响使用性能。因此，设计开发新型核壳结构微米级轻质吸波材料，对于吸收电磁波污染及电磁波屏蔽领域有着重要的理论及实际应用价值。

在粉末冶金领域，采用快速凝固-气雾化方法可以制备出传统液态成形工艺难以获得的具有独特凝固组织（如非晶/纳米晶/微晶）的预合金粉末，合金粉末的尺寸、外观形貌及凝固特征等基本性能可以通过控制雾化过程中的条件参数等因素调控。因此，将粉末冶金制备合金粉末的优势与退合金化方法相结合，采用不同尺寸特征的 Ti 基合金粉末为原料，选择性制备核壳型功能粉末材料（微米级合金粉末作为"核"，表面生长的纳米级金属氧化物/纳米带作为"壳"）。表面生长的纳米带材料经分离后可独立使用，而剩余的核壳结构不仅可以保留纳米金属氧化物的性能特点，而且高密度的合金核可以使其简单、便捷地在使用环境中分散并通过物理沉降等方式回收和再利用，进而解决高性能纳米氧化物粉末材料应用的瓶颈问题。

如上所述，在前述研究结果的基础上，本章进一步测试、评价了微/纳米带粉体材料作为能源材料应用的光电转换性能；另外，详细介绍了分离后剩余核壳型金属氧化物材料的微观组织及吸附有害重离子的性能；在此基础上，通过退合金化条件参数的优化，设计合成了新型微米级轻质核壳结构粉体材料，并介绍了该材料的吸波性能。

10.1　退合金化制度

初选水热反应-退合金化实验条件为：反应溶液为 NaOH 溶液，浓度为 10mol/L，将 0.3g Ti 基非晶合金粉末放入 20mL NaOH 溶液中，退合金化温度 140℃，反应时间 24h。反应结束后，使用去离子水将反应溶液调至中性，烘干后获得反应产物。

图 10-1 所示为 TiCuZrNiSn 非晶合金粉末退合金化流程及反应产物示意图。以微米尺寸的 TiCuZrNiSn 非晶合金粉末（标记为"Ti 基非晶合金粉末"）为原料，当上述退合金化（dealloying）反应完成时，获得的产物标记为"退合金化粉末"，其特征为核心部分仍为原始雾化合金粉末，表面生长了如前所述的微/纳米带；在核心雾化合金粉末与微/纳米带之间，存在一个退合金化反应过渡层，此过渡层为多种复合金属氧化物（将在下面内容中详细介绍）。对"退合金化粉末"进行分离，采用磁搅拌器对所得样品进行轻微的搅拌，由于合金粉末与微/纳米带之间密度的差别，微/纳米带在液态体系中呈悬浊液形态，而附着有复合金属氧化物的合金粉末则沉淀于液态体系的底部。因此，可以便捷地分离出上层悬浊液与底部沉淀物。将分离后的上层悬浊液置于培养皿中进行干燥，即可获得微/纳米带粉末材料（白色，如图 10-1 所示，标记为"纳米带粉末"，下同），而底部沉淀物也可放入烘干箱中进行干燥，即可获得复合金属氧化物粉末（黑色，如图 10-1 所示，

标记为"基体粉末",下同)。值得注意的是,此"基体"粉末仍为核壳结构,即微米级雾化合金粉末作为"核",而复合金属氧化物作为"壳"。

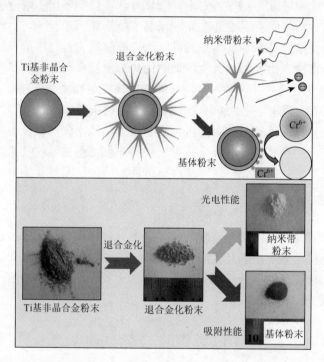

图 10-1　TiCuZrNiSn 非晶合金粉末退合金化流程及反应产物示意图

　　下面分别介绍纳米带粉末的微观组织与光电转换性能,以及基体粉末的微观组织与吸附有毒重离子性能。在此基础上,进一步优化退合金化条件参数,合成核壳结构功能粉体材料,并对该材料的微观组织结构及吸收电磁波等性能进行研究与介绍。

10.2　粉末材料的光电转换性能

　　对上述纳米带粉末的微观形貌进行观察,结果如图 10-2(a)所示,可见:退合金化过程中,Ti 基非晶合金粉末表面生长出大量团簇状纳米带。纳米带的长度及宽度在微米级别,而厚度在纳米级别。如前所述,该纳米带为钛锆酸钠半导体材料。图 10-2(b)为纳米带透射电子显微镜明场像,可以看出:纳米带呈现多层结构特征。另外,选区电子衍射结果也进一步证明了钛锆酸钠纳米带的单斜晶体结构。

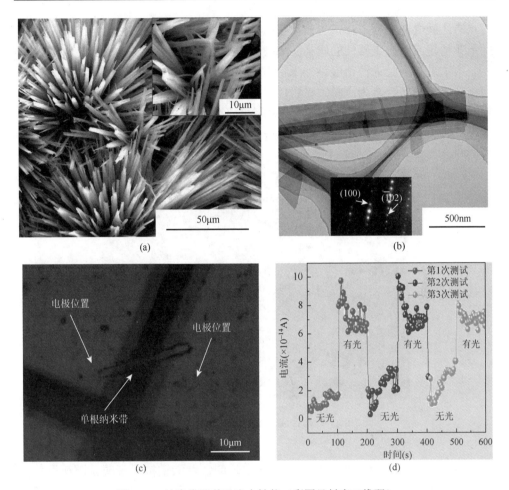

图 10-2　纳米带形貌及光电性能（彩图见封底二维码）

（a）纳米带微观形貌；（b）纳米带透射电子显微镜明场像；（c）单根纳米带光电转换性能测试光学显微镜照片；
（d）单根纳米带光电流响应。其中（d）的测试条件：入射光波长 254nm，外加电压 1V

　　图 10-2（c）为单根纳米带光电转换性能测试光学显微镜照片，试样制备及测试方法如参考文献[10]所述。在 254nm 波长（紫外光区）的光波照射下，对单根纳米带的光电转换性能进行测试，由于单根纳米带的响应光电流很微弱，因此外加 1μV 电压，以获得稳定的光生电流输出，单根纳米带的光电流响应结果如图 10-2（d）所示。根据能带理论，电子在紫外光照射下产生，并从表面态激发到导带[11]，然后在外加电场下沿一个特定方向进一步运动，从而形成光电流。如图 10-2（d）所示，在紫外光照射下，单根纳米带的光生电流响应很敏感且可重复。此外，单根纳米带紫外光照射时的光生电流约 8×10^{-14}A，为无紫外光照射时（有外加 1μV 电压）电流的 4 倍左右。上述结果表明，基于单根纳米带的装置能在低光电流和高光电

流状态之间快速响应工作，也表明了有效的光吸收和纳米带光生电流的产生可有助于新型超灵敏光电器件的研制。

为了进一步验证钛锆酸钠纳米带材料作为新型光电转换材料应用的可能，采用相同成分铸态合金为原料，在粉体材料基础上，合成了钛锆酸钠纳米带薄膜材料，如图 10-3 所示。可见，在 Ti 基合金圆形薄片表面，生长出了白色的纳米带薄膜，薄膜厚度及分布均匀且与基体合金结合牢固。

图 10-3　Ti 基合金表面生长钛锆酸钠薄膜照片

图 10-4（a）、（b）为合金基体表面生长的钛锆酸钠纳米带薄膜微观形貌。由俯视图及侧视图可以清晰地看出：Ti 基合金表面生长的纳米带团簇呈"花"状，单根纳米带犹如"花"的叶子，花簇的直径在 70μm 左右。通过扫描电子显微镜附带的能谱分析，纳米带的平均成分为 $Na_{13.3}(Ti_{28.1}Zr_{4.2})O_{54.4}$（原子百分比）。由于 Ti、Zr 原子相似的化学性质，部分 Ti 原子被 Zr 原子取代，形成钛锆酸钠纳米带薄膜材料。为了进一步分析单根纳米带结构特征，采用原子力显微镜进行观察，如图 10-4（c）、（d）所示：单根纳米带衬度均匀，在图 10-4（c）中纳米带直线截面位置分析纳米带的厚度［图 10-4（d）］，可见单根纳米带厚度在 100nm 左右。而纳米带的长度在几十微米，宽度在几微米范围内，如图 10-4（a）、（b）所示。

对钛锆酸钠纳米带薄膜的光吸收性质进行了研究，如图 10-5（a）所示。本章所制备的纳米带薄膜对于光波的吸收范围在紫外光区，光波波长吸收边界为 300～350nm。进一步地，采用光波连续扫描方式，对纳米带薄膜的表面光生电压响应进行了测试，如图 10-5（a）中插图所示。可以看出：纳米带薄膜的光生电压

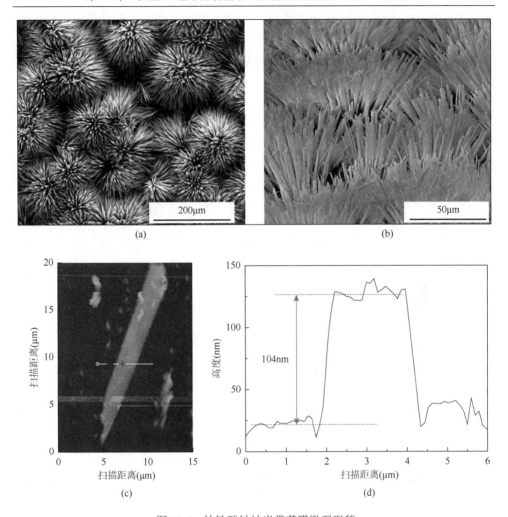

图 10-4　钛锆酸钠纳米带薄膜微观形貌

（a）俯视图；（b）侧视图；（c）原子力显微镜纳米带照片；（d）基于原子力显微镜分析的纳米带截面厚度图

响应范围在 300～350nm，最大光生电压响应对应光波波长在 320nm 左右。因此，采取固定的入射光光波波长（320nm）对纳米带薄膜的挡光/透光光生电压响应进行了研究，结果如图 10-5（b）所示。在挡光/透光时间分别为 60s 的情况下，纳米带薄膜的光生电压响应十分敏感且具有很好的重复性，即挡光时光生电压为 0μV，而透光时立即产生 11μV 左右的光生电压（此测试时无外加电压）。在挡光/透光模式下，重复 5 次测试，纳米带薄膜的光生电压响应可完整重复，不存在响应电压的滞后或延迟。上述结果说明，通过 Ti 基合金原料形状、尺寸的变化，可以简单便捷地获得所需纳米带薄膜的形状及尺寸，而与粉体材料相比，纳米带薄膜更适用于实际光电转换材料的应用。

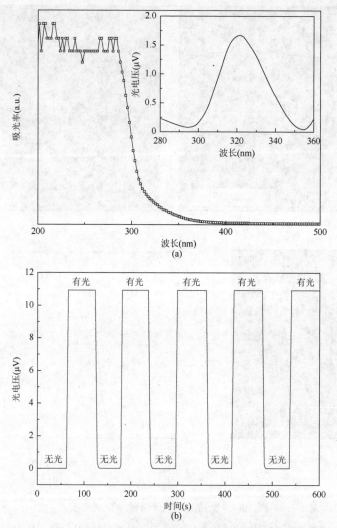

图 10-5　钛锆酸钠纳米带薄膜光吸收及光电性能

（a）紫外光吸收光谱，插图为纳米带薄膜连续扫描光生电压响应图；（b）320nm 光波照射时纳米带薄膜的
挡光/透光光生电压响应图

10.3　粉末材料的吸附性能

图 10-6 为基体粉末的微观形貌及不同状态粉末材料的 X 射线衍射曲线。由 X
射线衍射曲线可以看出：用于退合金化反应原料的 Ti 基非晶合金粉末的 X 射线衍
射曲线表现出非晶相漫散射峰特征［曲线（A）］，并没有观察到晶态相尖锐的衍
射峰，说明其为完全的非晶态结构。值得注意的是，在 Ti 基非晶合金粉末退合金
化反应后，位于 X 射线衍射曲线衍射角度 40°左右位置的漫散射峰转变为两个宽

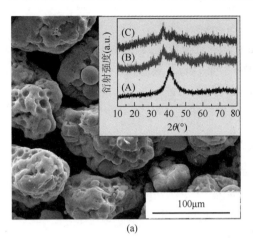

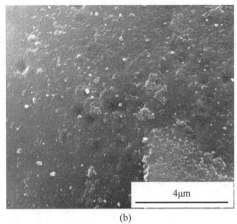

(a)　　　　　　　　　　　　　　　　　(b)

图 10-6　基体粉末的微观形貌

（a）低倍图，插图中：曲线（A）为 TiCuZrNiSn 非晶合金粉末 X 射线衍射曲线，曲线（B）为基体粉末 X 射线
衍射曲线，曲线（C）为基体粉末吸附 Cr^{6+}后的 X 射线衍射曲线；（b）高倍图

化的衍射峰［曲线（B）］。这说明退合金化反应过程中，基体粉末发生了相变。
另外，根据 X 射线衍射数据，可以判断这两个宽化的衍射峰属于纳米尺寸的晶态
相，且晶态相的平均尺寸在 4～5nm。此外，基体粉末吸附 Cr^{6+}后，其 X 射线衍
射曲线没有发生明显的变化，仍表现为两个宽化的衍射峰特征［曲线（C）］，说
明吸附过程中基体粉末的物相结构并未发生改变。

　　由图 10-6 基体粉末的微观形貌可见，退合金化反应后，基体粉末呈不规则形
状，粉末尺寸为 100μm 左右。另外，基体粉末表面较为粗糙，存在大量微坑及纳
米尺度凸起等形貌特征。

　　图 10-7 为气雾化 Ti 基非晶合金粉末及退合金化后基体粉末表面微孔尺寸分
布结果。

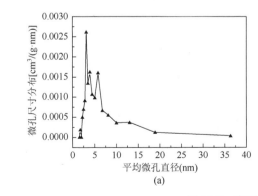

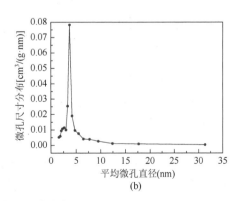

(a)　　　　　　　　　　　　　　　　　(b)

图 10-7　表面微孔尺寸分布

（a）Ti 基非晶合金粉末；（b）基体粉末

由图 10-7 可以看出：尽管气雾化非晶粉末表面光滑，但由于快速凝固过程中的收缩，表面仍然存在着尺寸在 5～20nm 之间的微孔 [图 10-7 （a）]，且总微孔体积为 0.013cm³/g。退合金化后，基体粉末表面形成大量直径小于 10nm（主要集中在 4nm 左右）的纳米级别微孔 [图 10-7 （b）]，也进一步证实了图 10-6 中观察到的纳米尺寸的微观特征。另外，基体粉末的总微孔体积为 0.113cm³/g，远多于气雾化 Ti 基非晶合金粉末。

图 10-8 所示为基体粉末微观组织结构透射电子显微镜详细分析结果。可见，退合金化后，基体粉末形成了独特的核壳结构，即基体粉末的微观组织可以分为三个不同的特征区域 [图 10-8 （a）中的 1、2、3 区]。同时，采用能谱分析了三个不同区域及纳米带的化学成分，结果如表 10-1 所示。可以看出，区域 1 主要含有金属元素，为气雾化 Ti 基非晶合金粉末的主要组元。区域 2、3 中含有大量氧元素，说明在退合金化过程中发生了氧化反应；而纳米带的成分分析结果也证明了钛锆酸钠的成分特征。值得注意的是，对于主要组元 Ti 元素和 Cu 元素而言，由区域 2 至纳米带存在这两种元素的成分梯度，即 Ti 元素含量逐渐增加，而 Cu 元素含量逐渐减少。图 10-8 （b）选区电子衍射的结果说明，尽管退合金化后原 Ti 基非晶合金粉末的成分发生了一定的变化，但基体粉末"核"部分仍保持非晶态特征。图 10-8 （c）所示区域 2 的透射电子显微镜暗场像中可以观察到大量的纳米晶颗粒，其尺寸在 2～5nm，也证实了图 10-6 中的 X 射线衍射结果。基于区域 2 的选区电子衍射结果 [图 10-8 （d）]，可以确定这些纳米晶颗粒主要为单斜结构的 CuO 和四方结构的 TiO_2，证明金属元素在退合金化过程中发生了氧化。

区域 3 的选区电子衍射结果 [图 10-8 （e）]中既可以观察到晶态相的衍射斑点，也可以观察到非晶相的漫散射环，说明此区域为非晶态氧化物与纳米晶氧化物共存。图 10-8 （f）是区域 2 的高分辨透射电子显微镜图，其中可见大量不同取向的规则原子排布阵列，另外还可以观察到一些原子混乱分布的特征，说明区域 2 为非晶态与纳米晶共存。图 10-8 （g）、（h）、（i）为区域 2 中方形位置Ⅰ、Ⅱ、Ⅲ的傅里叶变换及反傅里叶变换图，根据晶面间距及晶面夹角信息，可以确定这些纳米晶为纳米 CuO 和 TiO_2，与前述选区电子衍射结果一致。类似地，区域 3 的高分辨透射电子显微镜图及位置 A、B 的傅里叶变换及反傅里叶变换图分别如图 10-8 （j）～（l）所示。在区域 3 中，除了可见原子混乱排布特征外，仍存在 CuO 和 TiO_2 的纳米颗粒，这也证明区域 2 与区域 3 中主要的纳米金属氧化物类型相同。此外，与区域 2 相比，区域 3 中纳米金属氧化物的尺寸更小、晶体构型相对不完整，说明这些纳米金属氧化物在退合金化过程中由非晶中形核，并逐渐长大、发展为完善的金属氧化物结构。

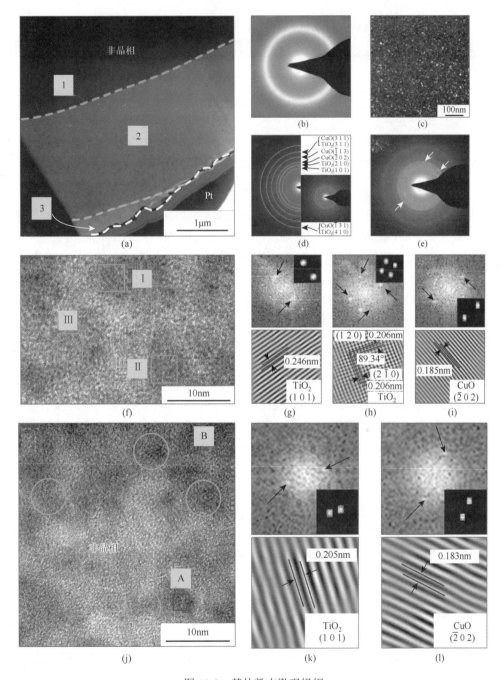

图 10-8　基体粉末微观组织

（a）透射电子显微镜明场像；（b）图（a）中区域 1 选区电子衍射图；（c）图（a）中区域 2 暗场像；（d）图（a）中区域 2 选区电子衍射图；（e）图（a）中区域 3 选区电子衍射图；（f）图（a）中区域 2 高分辨透射电子显微镜图；（g）、（h）、（i）图（f）中方形区域 Ⅰ、Ⅱ、Ⅲ 的傅里叶变换及反傅里叶变换图；（j）图（a）中区域 3 高分辨透射电子显微镜图；（k）、（l）图（j）中方形区域 A、B 的傅里叶变换及反傅里叶变换图

表 10-1　图 10-8（a）中基体粉末不同区域及纳米带透射电子显微镜
成分分析结果（原子百分比）

样品位置	Ti	Cu	Zr	Ni	Sn	O	Na
区域 1	34.22	51.09	8.60	4.40	1.69	—	—
区域 2	7.31	39.27	1.49	4.83	1.17	45.93	—
区域 3	17.76	24.21	4.46	0.09		53.48	—
纳米带	19.13	—	3.56	—		72.23	5.08

进一步对 Ti 基非晶合金粉末的退合金化过程进行分析，注意到实际的退合金化是从非晶粉末中选择性地去除相对较活泼的元素，往往通过从表面开始的腐蚀方式进行，并逐渐渗透到粉末内部。另外，合金组元间标准电极电势（standard electrode potential，SEP）的较大差异，是导致退合金化过程发生的热力学驱动力；而标准电极电势越负，则表示其在腐蚀过程中的稳定性越差[12]。根据 Ti 基非晶合金粉末中各组元在碱性环境中的标准电极电势数据[13]，Ti 和 Zr 元素较 Cu 元素具有更负的标准电极电势值。因此，Ti 与 Zr 原子从热力学上比 Cu 原子更不稳定。在退合金化过程中，Ti 与 Zr 原子首先从非晶合金粉末中选择性脱出，在粉末表面形成氧化物层（碱性环境中）[14]，同时其他原子（主要为含量最多的 Cu 原子）因稳定性相对较好而留在中间层中，进而形成由粉末内部至表面的成分梯度（表 10-1）。在随后的退合金化过程中，富 Ti 的氧化物层被溶解，而在粉末表面附近区域形成 TiO_3^{2-}、$TiO_2(OH)_2^{2-}$ 等离子[15]。当 TiO_3^{2-}（ZrO_3^{2-}）、$TiO_2(OH)_2^{2-}$ 等离子浓度足够大时，固相纳米带将在金属氧化物表面形核、长大。同时，在中间层中发生多组元金属元素的氧化过程，形成图 10-8（a）中区域 3 内的非晶态金属氧化物。此外，在纳米带与剩余非晶合金之间区域的非晶态金属氧化物逐渐发生晶化，形成图 10-8（a）中区域 2、区域 3 内的纳米金属氧化物颗粒。

对不同粉末样品作为吸附剂的吸附性能进行测试，测试过程如下：定义吸附性能为 C/C_0，其中，C 是吸附时间 t 时溶液中 Cr^{6+} 浓度；C_0 是初始溶液中 Cr^{6+} 浓度，本节中为 38.4mg/L。采用 $K_2Cr_2O_7$ 配制 Cr^{6+} 溶液，并采用硫酸将溶液 pH 调约 2.0，在室温条件下将 0.25g 粉末材料加入 25mL 溶液中进行测试（测试在不透光的铁箱中进行，采用磁搅拌转子进行低速搅拌溶液，转速约为 40r/min），并测量不同吸附时间时的 C 值。为了测量粉末材料的最大吸附量，将 0.15g 粉末加入上述 75mL 溶液中进行测试，最大吸附量 $Q_m = (C_0 - C_t)(V/W)$，其中，C_t 是吸附结束后溶液中 Cr^{6+} 浓度（$C_t \neq 0$）；V 是溶液体积；W 是吸附剂质量。测试结果如图 10-9 所示，可以看出：基体粉末对于 Cr^{6+} 具有很强的吸附能力，在 60min 的吸附时间时，溶液中 Cr^{6+} 浓度降低为 0。作为对比可见，退合金化粉末（未分离）的吸附能力与基体粉末相差较大，在 60min 时间时，吸附量仅为 40% 左右。另外，商业 Ti

粉的吸附性能也远低于基体粉末与退合金化粉末。以溶液中 Cr^{6+}浓度降低为原始浓度一半时的吸附时间用来评价本节不同粉末吸附剂的吸附效率，基体粉末仅为17min，而商业 Ti 粉则需要 735min，即对于本节所述 Cr^{6+}吸附而言，基体粉末的吸附效率是商业 Ti 粉的约 43 倍。此外，气雾化 Ti 基非晶合金粉末对于 Cr^{6+}不具备吸附能力。如图 10-9（b）、（c）所示，原始 Cr^{6+}溶液呈黄颜色（Cr^{6+}浓度越大，溶液颜色越深），经基体粉末 60min 吸附后，溶液变为无色且澄清透明，证明有毒Cr^{6+}成功地从溶液中分离而出。

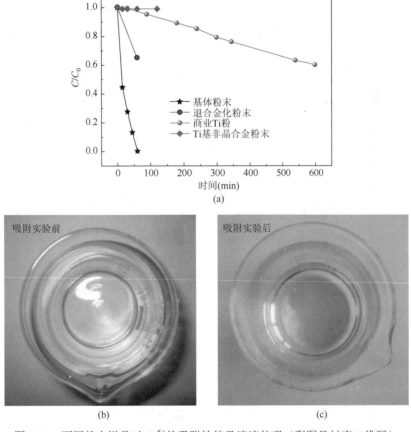

图 10-9　不同粉末样品对 Cr^{6+}的吸附性能及溶液外观（彩图见封底二维码）

（a）吸附性能曲线；（b）实验前 Cr^{6+}溶液外观颜色（黄色）；（c）实验后 Cr^{6+}溶液外观颜色（白色）

为了进一步确认吸附过程，采用了 X 射线光电子能谱分析方法，结果如图 10-10所示。由图 10-10（a）、（b）可知：Ti 2p$_{1/2}$ 和 Ti 2p$_{3/2}$峰位分别位于 464.00eV 和 458.54eV处，与标准 TiO$_2$ 中 Ti^{4+}的峰位 464.00eV 和 458.50eV 相符，证明了 TiO$_2$ 的存在。另

外，吸附后 Ti 2p 键合能变化不大，说明 Ti 原子价态没有变化。同时，Cu 2p$_{3/2}$ 键合能为 934.40eV［图 10-10（c）］，与标准 CuO 中 Cu 离子数据 934.20eV 相符，证明了 CuO 的存在；在 943.84eV 处出现的伴峰［图 10-10（c）］也证明了 Cu 元素在退合金

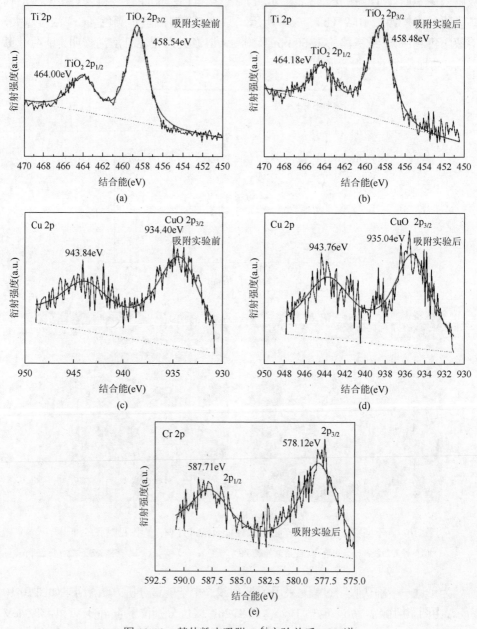

图 10-10　基体粉末吸附 Cr^{6+} 实验前后 XPS 谱

（a）、（b）Ti 2p；（c）、（d）Cu 2p；（e）吸附后 Cr 2p

化过程中被氧化成了 CuO。值得注意，在吸附后，Cu $2p_{3/2}$ 键合能变为 935.04eV，与吸附前相比变化了 0.64eV。这主要是因为在吸附过程中金属离子与 $Cr_2O_7^{2-}$ 的静电作用导致了 Cu 离子键合能的变化[16]，也说明 CuO 对吸附过程有贡献。此外，在吸附后基体粉末表面还发现了 Cr 元素，如表 10-2 所示各组元的成分分析结果。

表 10-2　基体粉末吸附 Cr^{6+} 实验前后元素成分 X 射线光电子能谱分析结果（原子百分比）

样品状态	Ti	Cu	Zr	Ni	Sn	O	Cr
吸附前	15.13	5.95	4.38	—	0.55	73.99	—
吸附后	11.35	3.73	3.11	—	1.22	76.24	4.35

如图 10-10（e）所示，Cr 2p 峰位分裂为两个峰，分别位于 587.71eV 和 578.12eV。根据参考文献[17]，CrO_3 和 $K_2Cr_2O_7$ 的 Cr $2p_{3/2}$ 峰位分别为 578.10eV 和 579.20eV。因此，587.71eV 键合能属于 Cr $2p_{1/2}$[18]，而 578.12eV 键合能则属于 $Cr^{6+}2p_{3/2}$。此外，Zr、Sn 等元素在吸附前后离子状态也并未发生改变。上述结果说明，本节溶液中 Cr^{6+} 浓度降低的过程，是一个由核壳结构粉末材料外壳-复合金属氧化物对 $Cr_2O_7^{2-}$ 的吸附作用过程。

为了再次验证上述过程是一个对 Cr^{6+}（实际溶液中为 $Cr_2O_7^{2-}$）的吸附过程，本节又配制了 Cr^{6+} 浓度为 13.3mg/L 的水溶液。根据文献[16]，$Cr_2O_7^{2-}$ 会对波长 350nm 的光波具有明显的吸收作用。因此，对 Cr^{6+} 浓度 13.3mg/L 的水溶液及图 10-9（c）中溶液进行了光波吸收测试，结果如图 10-11 所示。可以明显看出：图 10-9（c）

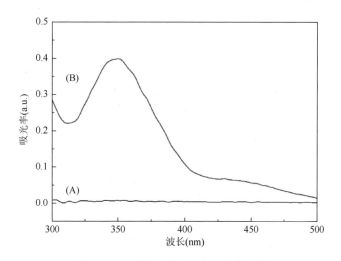

图 10-11　不同水溶液的光波吸收结果

（A）图 10-9（c）图中溶液；（B）重新配制的 Cr^{6+} 浓度 13.3mg/L 的水溶液

中溶液对波长 300～500nm 的光波均没有吸收作用；而重新配制的 Cr^{6+} 浓度 13.3mg/L 的水溶液在波长 350nm 处，出现一个清晰的吸收峰。上述结果证明了图 10-9（c）溶液中已经不存在 $Cr_2O_7^{2-}$，本节所述 Cr^{6+} 浓度降低过程是一个物理吸附过程。

进一步对比本节所制备基体粉末与 P25（纳米级 TiO_2）粉末、商业 TiO_2 粉末对 Cr^{6+} 的最大吸附量，结果表明：基体粉末具有最大的吸附能力，为 4.95mg/g，而 P25 粉末和商业 TiO_2 粉末的最大吸附量分别为 4.20mg/g 和 2.20mg/g。更重要的是，与 P25 粉末和商业 TiO_2 粉末相比，本节基体粉末的另一优势是因其微米尺寸的合金核具有较液态体系更大的密度，可以简单便捷地从液态体系中分离、回收与再利用。

下面对基体粉末的吸附机理进行简单介绍：大多数物理吸附剂的吸附过程为吸附剂表面与被吸附离子在液态体系中的静电相互作用[19]。另外，离子在氧化物表面的吸附是由吸附剂表面羟基参与进行的[20]。当液态体系的 pH 高于等电势点（identical electric potential，IEP）时，氧化物表面会覆盖羟基基团，因此表面呈负电状态，有利于吸附阳离子。相反的，当液态体系的 pH 低于等电势点时，氧化物表面呈正电状态，有利于吸附阴离子。基于本节 Cr^{6+} 在水溶液中呈 $Cr_2O_7^{2-}$ 状态，而 $Cr_2O_7^{2-}$ 在酸性环境下以 $HCrO_4^-$ 形式存在，因此 pH≈2.0 的酸性环境有利于吸附进行。在吸附过程中，复合金属氧化物表面呈正电，可以通过静电作用吸引 $HCrO_4^-$。

基于上述介绍，粉体吸附剂材料的比表面积对吸附性能有着重要的影响。不同粉末样品的比表面积测试结果如表 10-3 所示，可见：基体粉末表面大量的微观特征［图 10-6（b）］导致其具有最大的比表面积，为 74.37m^2/g，因此，吸附可以在更多的位置处发生，使得其具有最大的吸附能力。

表 10-3　不同粉末样品的比表面积结果

样品	比表面积（m^2/g）
基体粉末	74.37
P25 粉末	52.33
商业纯 Ti 粉末	22.11
商业 TiO_2 粉末	7.94
Ti 基非晶合金粉末	7.35

10.4　粉末材料的吸波性能

在上述实验结果的基础上，进一步优化了退合金化-水热反应的条件参数，主要将反应时间由 12～24h，减少为 1～2h（退合金化 1h 粉末样品记为"D-powders-60"，而退合金化 2h 粉末样品记为"D-powders-120"），因此可大大缩短反应时间、提高制备合成的效率。图 10-12（a）所示为采用的 Ti 基非晶合金粉末外观形貌，可以看出：粉末呈球形，且表面光滑，粉末颗粒尺寸在 5～35μm。图 10-12（b）是在 5mol/L 浓度 NaOH 溶液中，反应时间 2h 条件下获得的核壳型粉体材料微观组织，其他反应参数与本节上述条件相同。在 Ti 基非晶合金表面形成了连续的网状结构特征，与剩余的非晶合金粉末共同组成了核壳结构。图 10-12（c）是网状结构壳的透射电子显微镜明场像，退合金化形成的网状结构特征在分离制备透射电子显微镜样品时受到了破坏；根据能谱分析结果，该网状结构的平均成分为 $Ti_{17.44}Cu_{13.13}Zr_{4.25}Ni_{0.59}O_{64.59}$（原子百分比），说明其也是多种复合金属氧化物。另外，图 10-12（d）中高分辨透射电子显微镜及选区电子衍射结果证明此网状结

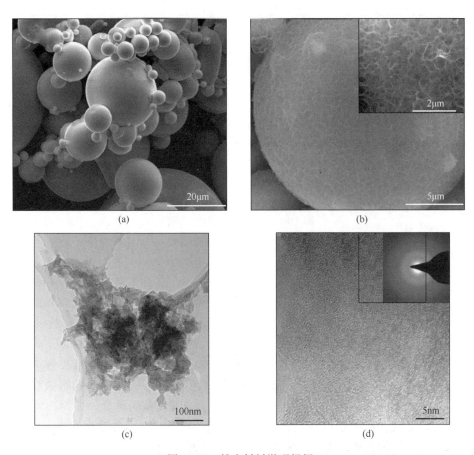

图 10-12　粉末材料微观组织

（a）气雾化 Ti 基非晶合金粉末外观形貌；（b）核壳型粉体材料（D-powders-120）微观形貌；
（c）核壳型粉体材料透射电子显微镜明场像；（d）高分辨透射电子显微镜像与选区电子衍射

构复合金属氧化物为非晶态结构。上述结果说明，本节所合成的核壳结构粉末材料由微米尺寸的合金核与非晶态网状结构的复合金属氧化物壳组成。

　　与上节内容相似，本节所制备的核壳型粉末材料同样具有吸附有毒 Cr^{6+} 的性能[21]，不同粉末材料对 Cr^{6+} 的吸附性能见图 10-13（a）。可见，气雾化 Ti 基非晶合金粉末不具有吸附 Cr^{6+} 的性能，溶液中 Cr^{6+} 浓度随时间的增加不发生变化。对于退合金化反应时间 1h 的粉末样品 [D-powders-60，曲线（B）]，随时间的延长，溶液中 Cr^{6+} 浓度逐渐下降；但当时间为 60min 时，溶液中仍有约 20% 的 Cr^{6+} 残留。对于 D-powders-120 样品 [曲线（C）]，当时间为 60min 时，溶液中 Cr^{6+} 几乎被完全除去，没有残留。此外，不同粉末材料对 Cr^{6+} 的最大吸附量如图 10-13（b）所示。本节所制备的核壳型粉末材料的最大吸附量约 4.00mg/g，与 P25 粉末的最大吸附量相近，而两者的最大吸附量均远远大于商业 TiO_2 粉末的最大吸附量 2.20mg/g。

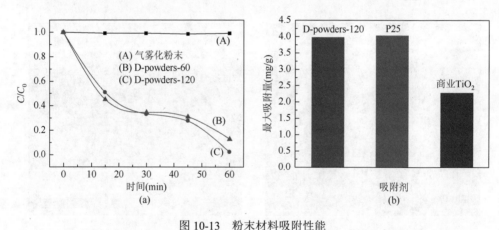

图 10-13　粉末材料吸附性能
（a）不同粉末材料对 Cr^{6+} 的吸附性能；（b）不同粉末材料对 Cr^{6+} 的最大吸附量

　　除了吸附性能外，下面主要介绍本节所制备的核壳型粉末材料（D-powders-120 样品）的吸收电磁波性能。核壳型粉体材料对不同频率电磁波反射损失谱（reflection loss，RL）及电磁波吸收性能如图 10-14（a）、（b）所示。整体而言，在 2～18GHz 频率范围内，RL 值随频率增加而增大。当吸波涂层厚度为 5.0～2.0mm 时，具有特定厚度的吸波涂层在较宽的频率范围内表现出较高的电磁波吸收效率。在高频范围内（例如，RL 值小于–8dB），匹配厚度 2.5mm 吸波涂层的有效吸收范围（11.4～15.6GHz）比其他匹配厚度吸波涂层的吸收范围更大。同时，对于匹配厚度为 5mm 的吸波涂层样品，在 17GHz 处获得了最大的 RL 值，为 13.5dB。此外，随着匹配厚度的减小，电磁波吸收峰逐渐移向高频区域，而吸收效率也随着带宽的减小而增大。在高频范围（大于 14GHz）时，匹配厚度为 5mm 的吸波涂层样品出现了另一吸收峰，与其他匹配厚度样品的 RL 峰不同，并且高于其他 RL 值。当样品厚度大于某一值时，以前也曾有研究报道过同时出现两个 RL 峰的情况[22]；不同匹配厚度的样品可以改变 RL 峰的位置和吸收值，从而便于控制其电磁吸收性能。

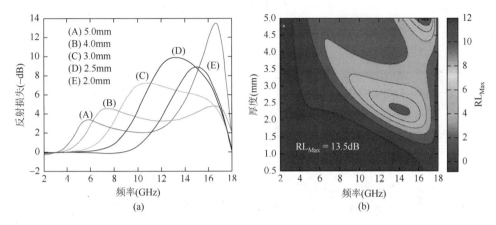

图 10-14　核壳型粉体材料吸波性能（彩图见封底二维码）

（a）对不同频率电磁波反射损失谱；（b）核壳型粉体材料电磁波吸收性能

图 10-15 为 D-powders-120 粉末样品的相对介电常数（$\varepsilon = \varepsilon'-j\varepsilon''$）和相对磁导率（$\mu = \mu'-j\mu''$）的电磁波频率依赖关系。由图 10-15（a）可以看出：相对介电常数的实部 ε' 在 2～9GHz 电磁波频率范围内基本不变，而后随频率的增加而逐渐减小。同时，相对介电常数的虚部 ε'' 在 2～12GHz 电磁波频率范围内先增大，而后随频率的增加而略有减小。介电损耗的正切值（$\tan \delta_e$），定义为相对介电常数虚部 ε'' 与相对介电常数实部 ε' 的比值；根据以上实验结果，其在 12GHz 左右的电磁波频率时的介电损耗大于其他频率区的介电损耗，说明了 D-powders-120 粉末样品具有电磁波吸收性能。此外，图 10-15（b）表示了相对复磁导率与电磁波频率的关系。可见，相对复磁导率实部和相对复磁导率虚部均在 2～16GHz 电磁波频率范围内基本保持不变。明显的，虚部在 2～16GHz 电磁波频率范围内几乎为 0，说明几乎没有磁损耗。电磁波吸收原理主要有两种，即介电损耗和磁损耗。根据相对介电常数和磁导率的测量结果，本节中 D-powders-120 粉末样品的电磁波吸收性能主要是由其较强的介电损耗所致。如前所述，粉末样品是由具有网状结构的非晶态金属氧化物作为外壳的，因此其具有相当高的电阻率。另外，因为该网状结构具有更多的界面，其界面极化作用增强，介电损耗增大。上述原因导致该粉末材料具有电磁波吸收性能。

本章评价了纳米带粉体材料的光电转换性能、核壳型金属氧化物材料的吸附有害重离子的性能及吸收电磁波性的性能，主要结论如下：

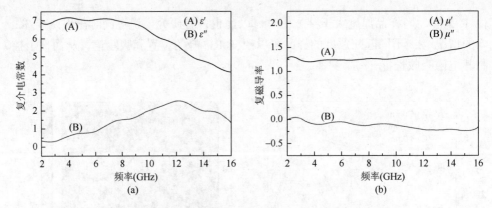

图 10-15　D-powders-120 粉末样品的电磁性质

（a）复介电常数；（b）复磁导率

（1）所制备的钛锆酸钠纳米带为单斜结构，其具有紫外光光电转换性能。单根纳米带在紫外光照射下，表现出敏感、稳定的光生电流响应，响应电流约为 8×10^{-14}A，为无紫外光照射时（有外加 1μV 电压）电流的 4 倍左右。

（2）在退合金化过程中，纳米带与非晶合金粉末之间形成了复合纳米金属氧化物层，主要为 TiO_2 和 CuO。该核壳结构基体粉末具有较大的比表面积 $74.37m^2$/g 及较强的吸附有毒 Cr^{6+} 的性能，且便于从液态体系中分离、回收与再利用。

（3）合成了新型核壳结构粉末材料，其由微米尺寸的合金核与非晶态网状结构的复合金属氧化物壳组成。该材料具有吸收电磁波的性能，匹配厚度为 5mm 的吸波涂层样品，在 17GHz 处获得了最大的 RL 值，为 13.5dB。该粉末样品的电磁波吸收性能主要是由其较强的介电损耗所致。

参 考 文 献

[1]　Kudo A，Miseki Y. Heterogeneous photocatalyst materials for water splitting. Chemical Society Reviews，2009，38（1）：253-278.

[2]　Wang Y M，Du G J，Liu H，et al. Nanostructured sheets of Ti-O nanobelts for gas sensing and antibacterial applications. Advanced Functional Material，2008，18（7）：1131-1137.

[3]　Patzke G R，Zhou Y，Kontic R，et al. Oxide nanomaterials: synthetic developments，mechanistic studies，and technological innovations. Angewandte Chemie，2011，50（4）：826-859.

[4]　Zheng S R，Yin D Q，Miao W，et al. Cr（Ⅵ）photoreduction catalyzed by ion-exchangeable layered compounds. Journal of Photochemistry and Photobiology A，1998，117（2）：105-109.

[5]　Huang Y H，Hsueh C L，Cheng H P，et al. Thermodynamics and kinetics of adsorption of Cu（Ⅱ）onto waste iron oxide. Journal of Hazardous Materials，2007，144（1）：406-411.

[6]　Jiang J T，Zhen L，Zhang B Y，et al. Improvement on electromagnetic absoring performance of Al18B4O33W/Co composite particles through heat treatment. Scripta Materialia，2008，59（9）：967-970.

[7]　Yuan X Y，Cheng L F，Kong L，et al. Preparation of titanium carbide nanowires for application in electromagnetic

wave absorption. Journal of Alloys and Compounds，2014，596：132-139.

[8]　Qing X T，Yue X X，Wang B，et al. Facile synthesis of size-tunable，multilevel nanoporous Fe_3O_4 microspheres for application in electromagnetic wave absorption. Journal of Alloys and Compounds，2014，595：131-137.

[9]　Zhao B，Shao G，Fan B B，et al. Enhanced electromagnetic wave absorption properties of Ni-SnO_2 core-shell composites synthesized by a simple hydrothermal method. Materials Letters，2014，121：118-121.

[10]　Zhang J，Hu P A，Zhang R F，et al. Soft-lithograohic processed soluble micropatterns of reduced grapheme oxide for wafer-scale thin film transistors and gas sensors. Journal of Materials Chemistry，2012，22（2）：714-718.

[11]　Wu T S，Wang K X，Zou L Y，et al. Effect of surface cations on photoelectric conversion property of nanosized zirconia. Journal of Physical Chemistry C，2009，113（21）：9114-9120.

[12]　Stepanovich A，Sliozberg K，Schuhmann W，et al. Combinatorial development of nanoporous WO_3 thin film photoelectrodes for solar water splitting by dealloying of binary alloys. International Journal of Hydrogen Energy，2012，37（16）：11618-11624.

[13]　Bratsch S G. Standard electrode potentials and temperature coefficients in water at 298.15 K. Journal of Physical and Chemical Reference Data，1989，18（1）：1-21.

[14]　Sugiyama N，Xu H Y，Onoki T，et al. Bioactive titanate nanomech layer on the Ti-based bulk metallic glass by hydrothermal electrochemical technique. Acta Biomaterial，2009，5（4）：1367-1373.

[15]　Wu D，Liu J，Zhao X N，et al. Sequence of events for the formation of titanate nanotubes，nanofibers，nanowires and nanobelts. Chemistry of Materials，2005，18（2）：547-553.

[16]　Sun L，Zhang L D，Liang C H，et al. Chitosan modified FeO nanowires in porous anodic alumina and their application for the removal of hexavalent chromium from water. Journal of Materials Chemistry，2011，21：5877-5880.

[17]　Park D，Lim S R，Yun Y S，et al. Development of a new Cr(Ⅵ)-biosorbent from agricultural biowaste. Bioresource Technology，2008，99（18）：8810-8818.

[18]　Xu G R，Wang J N，Li C J. Preparation of hierarchically nanofibrous membrane and its high adaptability in hexavalent chromium removal from water. Chemical Engineering Journal，2012，198-199（2）：310-317.

[19]　Wu N，Wei H H，Zhang L Z. Efficient removal of heavy metal ions with biopolymer template synthesized mesoporous titania beads of hundreds of micrometers size. Environmental Science and Technology，2012，46（1）：419-425.

[20]　Vassileva E，Hadjiivanov K，Stoychev T，et al. Chromium speciation analysis by solid-phase extraction on a high surface area TiO_2. Analyst，2000，125（4）：693-698.

[21]　Wang D J，An Y L，Qiang J M，et al. Core-shell amorphous metal oxides/metallic glassy particles for absorbing application of toxic heavy metal and electromagnetic wave. Scripta Materialia，2017，132：30-33.

[22]　Wang B H，Wei J Q，Yang Y，et al. Investigation on peak frequency of the microwave absorption for carbonyl iron/epoxy resin composite. Journal of Magnetism and Magnetic Materials，2011，323（8）：1101-1103.

编 后 记

　　《博士后文库》(以下简称《文库》)是汇集自然科学领域博士后研究人员优秀学术成果的系列丛书。《文库》致力于打造专属于博士后学术创新的旗舰品牌,营造博士后百花齐放的学术氛围,提升博士后优秀成果的学术和社会影响力。

　　《文库》出版资助工作开展以来,得到了全国博士后管委会办公室、中国博士后科学基金会、中国科学院、科学出版社等有关单位领导的大力支持,众多热心博士后事业的专家学者给予积极的建议,工作人员做了大量艰苦细致的工作。在此,我们一并表示感谢!

《博士后文库》编委会